译文视野
Panorama

人間の未来 AIの未来

人类的未来，
AI的未来

［日］山中伸弥 羽生善治 ——— 著

丁丁虫 ——— 译

上海译文出版社

《*NINGEN NO MIRAI AI NO MIRAI*》

©Shinya Yamanaka, Yoshiharu Habu 2018

All rights reserved.

Original Japanese edition published by KODANSHA LTD.

Publication rights for Simplified Chinese character edition arranged with KODANSHA LTD.

through KODANSHA BEIJING CULTURE LTD. Beijing, China

图字：09-2019-1033 号

图书在版编目 (CIP) 数据

人类的未来，AI 的未来 / （日）山中伸弥，（日）羽生善治著；丁丁虫译 . —上海：上海译文出版社，2021.10

ISBN 978-7-5327-8725-8

Ⅰ . ①人… Ⅱ . ①山… ②羽… ③丁… Ⅲ . ①人工智能 Ⅳ . ① TP18

中国版本图书馆 CIP 数据核字（2021）第 158794 号

译文视野	［日］山中伸弥 羽生善治 著	出版统筹 赵武平
人类的未来，AI 的未来	丁丁虫 译	策划编辑 陈飞雪
人間の未来 AI の未来	采访整理 片冈義博	责任编辑 董申琪
	协助编辑与摄影 冈村启嗣	装帧设计 山 川

上海译文出版社有限公司出版、发行

网址：www.yiwen.com.cn

201101 上海市闵行区号景路 159 弄 B 座

上海普顺印刷包装有限公司

开本 890×1240 1/32 印张 6 插页 2 字数 64,000

2022 年 1 月第 1 版 2022 年 1 月第 1 次印刷

印数：00,001—10,000 册

ISBN 978-7-5327-8725-8/C·102

定价：58.00 元

目 录 |

棋士为什么会输给人工智能

iPS 细胞研究的最前沿在发生什么

羽生善治致山中伸弥

初次拜访山中伸弥教授任所长的京都大学 iPS 细胞研究所（CiRA），是在二〇一六年的秋天。

能与奋斗在生命科学最前沿的教授直接对话，是很难得的机会。我兴奋不已，又惴惴不安。

直到真正开始交谈，我才发现教授原来如此平易近人。

他伫立时，给人一种难以言喻的缜密印象，不过一旦开口，就说了个关西腔的笑话，毫无盛气凌人之感，氛围完全不同。

随后，我们的话题从生命科学的最前沿，逐渐扩展到人工智能的界限与可能性、下棋的思考方法、灵感与第六感[1]的本质、才能的培养方法等等。

随教授进入研究室，挂在墙上的匾额格外醒目，上面写着"人间万事塞翁马"几个大字，大约是教授的座右铭吧。世上何为幸福，委实难料。

在多次的见面交流中，我切实感受到，山中教授之所以能找到 iPS 细胞，是因为他相信自己肯定可以找到。

沉稳伫立的教授身上散发着热情与气魄，他拥有灵活的思想，还有若无其事般的轻盈。

我想，各位读者也能体会到教授的独特存在感。

与教授的对谈，充满了遭遇未知世界时的体验，也让我度过了异常满足的时间。山中教授不吝花费宝贵的时间，诚恳细致地解答我这个门外汉的朴素疑问，对此我表示发自内心的感谢。

最后要向各位读者表达的是，如果这场对谈能够成为一个小小的契机，引导您了解这个世界正在发生什么样的变化，以及能够成为您日常生活中的轻松食粮，那将是我的荣幸。

1　日语中有"直感"和"勘"两个词，都是"直觉"的意思，但又有细微的不同，中文里不易体现。大体而言，"直感"倾向于先天能力，"勘"更倾向于后天经验。由于后文多次用到这两个词，因此将"直感"译为"第六感"，将"勘"译为"直觉"。

羽生善治（左）与山中伸弥（右）拍摄于京都大学 iPS 细胞研究所内

第一章

iPS 细胞研究的最前沿
在发生什么

羽生向山中提问……

山中：羽生棋士的国际象棋也特别厉害。围棋怎么样？

羽生：围棋只有初段水平。小时候下过一点，不过周围没人陪我下，也就没能继续，水平不太行。

山中：是吗？前些时候我在网上下过一阵围棋，很有意思。系统不显示对手是几级，所以我也不知道几级。我是八级。如果对手也是八级，有时候能赢；如果是六级左右，偶尔能赢一回；但遇到三级、四级的人，肯定会输。

羽生：据说在线围棋的棋力认定要比普通定级严格。

山中：是吗？难怪我输得很惨。每次输完都很懊恼。（笑）

羽生：哈哈哈。

山中：其实，我和围棋手井山裕太对谈的时候，曾经请他和我对局。

羽生：哎，还能这样？七子[1]吗？

山中：对，七子。

羽生：我和赵志勋老师对谈的时候，赵老师也说过，"我和对谈者必定要下一盘"。（笑）下棋的时候问到要放几个子，结果赵老师说"（不让子，）分先"，只好战战兢兢按分先下了八十多手。哎呀，可真是如履薄冰。

山中：咱们这场对谈不下棋吧。（笑）

羽生：下呀，只要您想下。（笑）

还只是起步阶段

羽生：山中教授发现的 iPS 细胞，全称叫作"诱导性多能干细胞"吧。

山中：嗯，名字挺复杂的。不过简单来说，就是有能力变成任何细胞的细胞。这种细胞基本上并不存在于人体内，是人工制造出来的，所以叫作"诱导性多能干细胞"。

1　预先在棋盘上放七颗棋子作为让子。

不过，虽然说"不存在于人体内"，但纵览人的一生，至少会有一次出现这样的状态。那就是精子与卵子结合、诞生出生命的受精卵时期。大脑、骨骼、肌肉、心脏等超过两百种体细胞，都是从受精卵发育而来的，所以受精卵是"多功能干细胞"，它能变成任何细胞。从这个意义上说，也可以简单称之为"万能细胞"。

由受精卵发育而来的成年人，体内基本上不会再有这样的细胞存在，但我们可以采集成年人的皮肤细胞或血液细胞，再通过一些处理，来将它们恢复到接近受精卵的状态，也就是所谓干细胞，英语里叫作"stem cell"，它能变成任何一种细胞，其实就是 iPS 细胞。

羽生：这就是所谓的"初始化"处理吧。

山中：是的。我们常说"初始化电脑"，对细胞也一样。通过同样的还原处理，让细胞返回到最初的状态。皮肤细胞和血液细胞原本都是受精卵，现在把它们逆转回去，恢复到受精卵的状态。

我们京都大学 iPS 细胞研究所的目标是 iPS 的医学应用。这里有两大块领域。一块是"再生医疗"，就是让 iPS 细胞分化出各种身体细胞，移植到患者身上；另一块是"新药研发"，用患者的细胞制造出 iPS 细胞，再在由它得到的细胞上重现疾病状态，以此弄清疾病发生的机制，进而研发药物。

羽生：二〇〇六年，您在全世界首次宣布成功制造老鼠的 iPS 细胞，第二年又宣布成功制造人类的 iPS 细胞。现在是二〇一七年，从制造出人类的 iPS 细胞至今刚好十年，那么目前的研究进展到哪里了？

山中：当时的成功，仅仅是动物的基础研究阶段。之后十年，全世界的研究都在积极推进。究明 iPS 细胞的形成机理，利用从患者身上制造的 iPS 细胞弄清疾病的原理，还有再生医疗和新药研发等临床应用的研究，都在取得进展。可以说，目前是到了人体应用的起步阶段。

羽生：也有了实际的临床案例吧？

山中：是的。在真正的患者身上验证效果和安全性。终于推进到临床试验阶段了。

二〇一四年秋天，理化学研究所的高桥政代教授领导的研究小组，在全世界首次用 iPS 细胞培养出视网膜细胞，再将之手术移植到老年黄斑变性的患者身上。老年黄斑变性是一种视力伴随老龄化衰退甚至失明的疾病，如今的患者数量急剧增加，据说五十岁以上约有百分之一的人患有这种疾病。我听说，实行人体移植手术的第一例患者，术后至今的进展情况非常好。

不过，这项技术依然还处在临床应用的起步阶段，接下来还有许多困难。我在跑马拉松，比如四十二公里的路程，跑到十公里左右的时候，就觉得已经跑很远了。（笑）但其实真正的难关是在剩下的三十公里。差不多就是这样的感觉。

在家猪体内培育人类肝脏

羽生：我有个非常初级的问题。现阶段已经可以从 iPS 细胞培养出视网膜细胞了，那么如果让细胞不断成长下去，最终可以培养出内脏器官吧？

山中：是的。

羽生：要抵达那样的阶段，需要做哪些研究？

山中：当前的研究热点是细胞本身，或者是将细胞培养成层状后的再移植技术，不过培育内脏器官的研究也有相当的进展。

二○一三年，横滨市立大学的谷口英树教授团队宣布他们在全世界首次成功利用人的 iPS 细胞制成肝脏的原基，也就是"迷你肝脏"。他们的目标是在不久的将来，将这种肝脏的"芽"移植到患者身上，在患者自身体内培育器官。也就是说，出发点不是细胞，也不是器官，而是把中间状态的"器官之芽"放到患者体内培育。

还有中内启光教授。中内教授原本是东京大学医科学研究所干细胞治疗研究中心的主任，二〇一三年赴美，现在主要在斯坦福大学开展研究活动。

以中内教授为领导者之一的项目中，有一项研究就是利用 iPS 细胞技术，在家猪等动物的体内培养人类的肝脏或肾脏。对家猪胚胎进行基因编辑，让它无法生出自己的肝脏，再注入人类的 iPS 细胞。目前已经成功在家猪体内形成了来自其他家猪个体的肝脏。

羽生：在动物体内培育人类器官的"嵌合体"技术。

山中：是的。器官移植领域长期存在器官提供者不足的情况，期待它能成功开辟出新的道路。

羽生：为什么用家猪培育人体器官呢？

山中：家猪器官的功能、大小和形状，都和人类相似，意外吧？家猪多产，向家猪胚胎注入 iPS 细胞的技术也相对比较简单。

大约十年前，利用 iPS 细胞培养器官，还处于"但愿有朝一日能够实现"的阶段。由于发展速度超出预期，如今这已经不再是梦想了。借用将棋里的说法，接下来差不多就是"如何将军"的阶段。发展太过迅速，甚至连接下来的发展都很难预测。

羽生：技术发展的速度太快，对于日常生活中的我们来说，难以产生实际的感受。就像乘车，如果时速在一百公里左右，看到外面的景色会觉得："原来景色会有这样的变化。"而到了时速三百公里、四百公里的时候，就只感觉："哦，好快！"已经不知道到底在发生什么了。（笑）

山中：确实是这种感觉。

探索遗传病的原因

羽生：目前世界上好像正在开展火热的研究竞争啊。

山中：iPS 细胞的实用化在世界各地都取得了许多进展，不过可喜的是，日本的研究者正在努力推进 iPS 细胞本身的研究。

京都大学斋藤通纪教授的研究小组，正在研究如何从 iPS 细胞和 ES 细胞（胚胎干细胞）等多功能干细胞制备出生殖细胞，也就是精子和卵子。他们在世界上首次用老鼠的 iPS 细胞成功制备出了精子和卵子，还生出了健康的小鼠。

羽生：人们经常会对比 iPS 细胞和 ES 细胞，这两项研究的进展情况有什么差异？

山中：ES 细胞也可以分化成所有功能细胞。一九八一年报道了小鼠 ES 细胞，一九九八年报道了人类 ES 细胞。由于 ES 细胞需要破坏受精卵，取出囊胚制备，所以存在伦理问题。如果要做移植，实际上是异体移植（移植他人的细胞），也会产生排异反应的问题。在这一点上，iPS 细胞是自体移植（移植来源于自身的细胞等），一般认为移植的排异反应会相对较小。

但是，ES 细胞和 iPS 细胞仅仅是来源不同，细胞本身是一样的。所以我们认为，没必要明确区分两者来讨论。ES 细胞和 iPS 细胞都必须实现两个目标才会有用，也就是增殖和分化。在增殖到数万、数亿倍之后，再给予不同的刺激，形成脑细胞、心脏细胞，或者器官本身。

对于 ES 细胞和 iPS 细胞来说，这些促进增殖与分化的技术完全一样。我这里有两只装了 ES 细胞和 iPS 细胞的培养皿，如果有人说："一个月以后，不管使用什么分析设备，总之请找出哪个是 iPS 细胞。"我是找不出来的。

羽生：这样的吗？

山中：现在关于利用 ES 细胞和 iPS 细胞制备生殖细胞的研究，包括猴子和人等灵长类的研究，正在不断推进。如果能够制备出生殖细胞,那么首先对于治疗不孕症以及探索遗传病的原因都会很有帮助。

在京都大学 iPS 细胞研究所,最接近临床的研究之一,是关于帕金森病治疗的研究。高桥淳教授等人的研究小组已经在用老鼠和猴子进行研究。所谓研究就是像这样,若干研究者的研究结果成为其他研究者的原动力,从而以未曾预想的速度不断前进。

羽生:现在也有使用 3D 打印制作骨骼和内脏的技术,应该在不久的将来就会进入实用阶段了吧?

山中:关于 3D 生物打印的技术开发,也已经有了许多创业公司。大概十年前,这件事还被人当成笑话说。美国的研究合作者和我说过:"山中,我看到了一项专利,把细胞当作墨水,用 3D 打印机制作内脏。"那时候还以为是笑话。真的是很了不起的想法,很了不起的技术。

羽生:那样的设想能成为现实,真是让人无法想象。

山中:没错。就算能想到这个点子,也不敢说真的会去尝试。但现在真有好几个团队在尝试实用化,确实很让人惊讶。

五十年前的突破

羽生:像山中教授您所说的 iPS 细胞,让已经变成了皮肤或血液的细胞再返回到初始状态，就像让时钟的指针倒转一样，这对我们来说也是做梦都想不到的。是什么契机让您认为可以实现这个目标，或者说认为存在这样的可能性呢？

山中：这是受惠于前人的研究。和我一同获得诺贝尔奖的英国研究者约翰·戈登教授，在一九六二年，刚好是我出生的那一年，发表了一篇用青蛙做实验的论文。他用蝌蚪的肠道细胞培育出一只新的蝌蚪，并且让它成功发育成青蛙，证明了细胞核移植的技术可行性。

这个实验表明，即使在分化后，细胞内也保留着全部的遗传信息。而且它表明的不仅是这一点，同时也成功地让成熟细胞再一次返回到受精卵状态，并产生出新的生命——克隆体的蝌蚪。这是一项重大突破。

羽生：原来如此。那真是划时代的突破。

山中：那个时候本来连遗传物质到底是什么都还不是很清楚。只是因为子代能够继承父代的性质，所以人们推测有某种东西在传递信息，于是就把它叫做"遗传物质"，但那时候还不知道它到底是什么。

人们猜想细胞的核里有遗传信息，但早在一百年前，人们就认为，只有将信息传递给下一世代的生殖细胞，也就是精子和卵子，才具有完整的遗传信息。精子与卵子受精，发育成大脑或者心脏之后，必然会有无数信息再也用不上了，所以大脑的细胞只要保存大脑相关的信息，心脏的细胞只要保存心脏相关的信息就可以了。其他用不上的信息都是浪费，所以大概会在物理上消失，或者变成不可逆的无法读取的状态，这样才合理。实际上，人们一直都这么认为。

果蝇触角上长出眼睛

羽生：教科书上也都是这么写的吧。

山中：对，而且考试的时候不这么写就拿不到分。但是，后来出现了对此抱有怀疑的研究者。一开始是独立的个别研究，直到约翰·戈登教授培育出"克隆青蛙"，证明成熟细胞中也保存了所有的信息。那是一九六二年的事，所以教授实际上是经过了五十年才获得诺贝尔奖。说起来我算是搭便车了——

羽生：没有没有，怎么可能。

山中：克隆技术的难度非常大，很难成功。哺乳类的成功是在一九九六年。克隆青蛙之后花了三十多年，英国的伊恩·威尔穆特，

将"多莉"——

羽生：啊，那只羊。我记得看过新闻。

山中：绵羊多莉，是哺乳类中首次成功克隆的动物。它证明了，不仅是青蛙，哺乳类也完整保存着全部的遗传信息。不过，哺乳类的克隆非常困难，哪怕是专家，尝试一百次也不见得能成功一次。

但如果使用 iPS 细胞这种技术，任何人都能轻松"倒转"。这种技术，就是我们研究的。五十年前戈登教授成功的实验，现在谁都能做了。所以我们两个人同时获奖。从这一点上来说，实际上研究到现在花了五十年。

羽生：真的是花费了漫长的时间，才终于实现了。

山中：是啊。我之所以会从事 iPS 细胞的研究，也是因为有了约翰·戈登和伊恩·威尔穆特两位教授的工作。

另外还有一项不同的研究，是哈罗德·温特劳布教授在二十多年前发表的实验。他仅仅将某一个遗传基因送入老鼠的皮肤细胞，就把原本的皮肤变成了肌肉。遗憾的是，这位教授四十九岁就去世了，但他发现了仅仅一个基因便能改变细胞的命运。此外，如果激活果蝇触角的一个基因，就会让本来应该是触角的部分变成腿。

羽生：哎，还能这样吗？

山中：激活其他的基因，能让触角顶端长出眼睛。这些都是前人的研究。一个基因，就会彻底改变细胞的命运。

断腿还能再生

羽生：这样说来，虽然成熟后拥有实体且很稳定，但生命本身却是流动性极高的存在啊。

山中：非常非常高的流动性。大家都知道的一个例子：蜥蜴的尾巴断了以后，又会长出新的尾巴。其实蜥蜴的尾巴虽然会长出来，但里面的骨骼并不会再生。

羽生：蜥蜴的骨骼没有再生吗？

山中：壁虎也是一样，爬行动物大概都是这样。但是演化前一阶段的两栖动物，比如蝾螈，腿断了还会再长出腿，那就是连骨骼都会再生。说起来很想建议壁虎回想一下"连骨骼都能再生的蝾螈时代"。涡虫这种生物更加原始，只有简单的眼睛、神经、肠道，如果把它的身体切成两半，还能再生成两只涡虫。

羽生：从一个生命变成两个生命吗？

山中：以前，京都大学生物物理学教室的阿形清和教授，研究

过涡虫最多能分裂成多少只。

羽生：好厉害的研究。

山中：十六等分都是可以的。一只涡虫等分成十六份，可以长成十六只涡虫。没有头的部分会长出新的头，没有眼睛的部分会长出新的眼睛。那种生物全身都有再生能力。生命本来就像那样，具有非常厉害的再生能力。

遗憾的是，人类连手指断了都没办法再生。简单来看，如果继承了那样神奇的能力，对于维持生命显然是有利的，但为什么人类，或者说哺乳类，失去了那样的再生能力呢？而且并不是一开始就没有，本来是有的。

羽生：在演化的过程中，失去了那样的能力？

山中：是的。关于为什么会失去再生能力，有许多观点，但都是假说，没有得到证实。比如，有一种理论认为，与这种再生能力有关的基因，也和癌症的发生有关。再生需要细胞的快速增殖，一旦出错就会带来极大的风险。如果在无需增殖的地方增殖了，就会变成癌症。

我的假说则是认为它与寿命的长短有关。如果寿命像哺乳动物这样长，而又继续具有再生能力，那么在到达生殖年龄以前，发生癌症的概率会变得很高。人类只有长到十几岁才能生殖，如果在此之前得了癌症，整个物种也就灭绝了。所以不得不牺牲再生能力，选择寿命——可能是这样吧。实际上是如何，完全不知道，也无从证明。

不过美国国防部好像正在研究如何让人类重新具有再生能力。如果能让士兵在地雷中失去的双腿再生，那就太厉害了。

羽生：如果 iPS 细胞的实用化取得进展，再生也——

山中：iPS 细胞能不能做到这一步，还不是很清楚。不过这可以成为研究的契机。

沙里淘金

山中：从约翰·戈登的研究开始，一直到今天的生命科学研究，把所有研究内容综合起来考虑，就会产生这样一个问题：向分化的人类皮肤细胞和血液细胞植入基因，是不是也能彻底改变细胞的命运，让它们返回到受精卵状态呢？只植入一个基因大概不可能，但如果植入多个基因呢？这样的想法，就是 iPS 细胞研究的起点。

正因为有了这些前人的成就，才会产生这种想法。虽然很难，

但并非不可能。不过，即使知道并非不可能、知道应该可行，也并不知道该怎么去做。（笑）

羽生：确实如此。

山中：毕竟单说基因就超过三万个。我们并不知道这些基因中需要哪些才能产生 iPS 细胞，更不知道需要多少基因。如果只是在三万个里面找一个，倒也还好，但恐怕不是一个，说不定是十个、一百个、一千个。组合几乎是无限的。

羽生：就像是沙里淘金。

山中：是的。我们最终发现，四个基因的组合，能让分化的细胞返回原状。

羽生：经过怎样的过程，才找到这四个基因？

山中：姑且假设手上有二十四个候选基因，我们先用它们做练习。做起来之后，发现好像产生了 iPS 细胞。

羽生：最初的二十四个基因，是怎么选定的？

山中：用了各种方法，检索数据库，做实验验证功能等。不过，我们并没有乐观地认为，这二十四个基因中包含了全部的正解。估计还有很多遗漏的，所以实际上一开始做好了心理准备，觉得大概要研究上万个才行。

不过一开始就做一万个，实在太可怕了，所以先用二十四个试试。接下来就是消除法。把这些基因一个个拿出来，研究它们能不能让细胞初始化，最终发现需要四个。

这个发现"肯定错了"

羽生：第一次发现产生 iPS 细胞的那一刹那，是什么感觉？

山中：我的第一个念头是"啊，出错了"。觉得肯定有什么地方出错了。在研究室里实际做实验的，是博士后研究员（获得博士学位后，以任期制就职的研究者）高桥和利。我对他说"先别高兴"，还说"肯定错了"。

羽生：为什么会认为出错了？是因为从概率上说，这种事情不可能吗？

山中：概率很低。而且在以往的研究生涯中，像这样子感觉到有重大发现的时候，基本上都是搞错了。我们用了很多 ES 细胞，它和 iPS 细胞的性质一样，所以很可能在某个不注意的地方混进了 ES 细胞。看起来像是 iPS 细胞，其实是 ES 细胞的增殖。首先的想法就是这样。

所以要排除这个可能性，需要进行非常繁琐的验证工作。首先验证重现性，也就是反复做。不管做多少次，都会同样得到 iPS 细胞。但是，就算做多少次得到多少次，也可能是因为每次做的时候都混进了 ES 细胞。要证明确实没有混入 ES 细胞，需要用科学方法多方尝试。很少会遇到怎么做都没变化的情况。如果轻易相信实验的结果，基本上都会吃到苦头。

羽生：空欢喜一场的感觉。

山中：很多时候都是空欢喜。有幅画，在研究者中间很有名，画了两张猴子穿白衣的图。一张图上的猴子兴高采烈，画上面还写着："大发现！"另一张图的猴子垂头丧气，试管往地上掉。都是同一只猴子，也就是说，以为是大发现，验证的时候发现搞错了，这种事情很常见。

羽生：从发现到获取证据，做了多少验证？

山中：很多很多。验证过程非常非常慎重。首先让高桥重做，然后让我的两个很信任的助手重做，一边做一边改变方法的某些细节。接着发现，高桥可以多次重复实验结果。而另外两个人改变方法以后，获得了更好的结果。到这时候才认为"没错了"，于是发表。

但是发表以后还是提心吊胆。因为尽管在我的研究室里可以重复做出来，但不知道在其他研究室能不能做出来。所以发表之后不到半年时间，哈佛大学和麻省理工学院的研究人员发表论文说"成功重现"的时候，那才是真的松了一口气。

羽生：教授您真正意义上的高兴，是在什么时候？

山中：结果还是不高兴。

羽生：一直在怀疑。

山中：一直在怀疑。即使自己很确信了，但只要发表论文，总会遭遇零散的批评，没时间高兴。

羽生：实际上有批评吗？

山中：完全是围攻啊。（笑）因为大部分研究者都认为，细胞一旦分化成皮肤和肌肉，就无法再回到原来的未分化状态了。更何况仅仅四个基因就能让细胞初始化。

我在美国的科学期刊上发表论文之后，很快就在纽约召开了有关 iPS 细胞的研究会，带住宿的。晚上去酒店的酒吧，相熟的参加者们正在讨论我的论文。结果就有人说："听说了吗？四个基因搞定，根本不可能啊！"然后看到我过来，又说："好久不见啊，山中！"明明刚才还在说我的坏话。（笑）

羽生：背后嚼舌根。（笑）

山中：再后来也是大批特批。不过，批评最激烈的那位，过了差不多半年，发表论文说"重现了"。

羽生：这样反过来可信度更高了。

山中：没错。

单靠纸笔就拿了诺贝尔奖

羽生：我想问问诺贝尔奖的事。山中教授发表 iPS 细胞的论文以后，很快就获得了诺贝尔奖。但也有过了许多年才获奖的例子，像获得诺贝尔物理学奖的益川敏英教授，一九七三年发表理论，二〇〇八年才获奖。这是理论和实际证明之间的距离感，它是因为物理和生命科学的差异吗？

山中：物理学中有"理论物理"和验证理论的"实验物理"，虽然都叫物理，但显然需要不同的才能。思考理论的人，简单来说，只要有纸和笔，写几页论文，就有可能做出价值诺贝尔奖的大发现。但实证理论的人——

羽生：要建造超级神冈、顶级神冈那样的巨型设备做实验。

山中：没错。投入几百亿资金，用几十人的团队来证明。工作内容和理论物理完全不同。不过双方都会获得应有的评价。所以理论研究会获得诺贝尔奖，实证研究也会获得。至于医学，诺贝尔奖的名字是"诺贝尔生理学或医学奖"，本来就包含了生理学和医学两个学科领域。

我与约翰·戈登教授共同获得的奖项，说起来应该算是生理学奖，评价的是探明现象的功绩，而不是医学奖。要获得价值医学奖的功绩，除非用这个 iPS 细胞做出医学上的贡献才行。我本来也是医生，很想尽早能在患者身上应用 iPS 细胞技术，为医学多少做出一些贡献，所以如今也一直在推进研究。

至于说获奖时间，只看我的话，确实是太快了。iPS 细胞论文发表于二〇〇六年，获得诺贝尔奖是在二〇一二年，仅仅过了六年。但从约翰·戈登教授的发现算起，也是五十年了。

诺贝尔颁奖仪式的八卦

羽生：成为诺贝尔奖候选人，到获奖为止，经过了多少年？

山中：三年左右吧。

羽生：那，在那段时间里，周围各种——

山中：没错。诺贝尔生理学或医学奖是在星期一宣布的，所以京都大学也就像平时一样开着。因为不知道会不会有电话打来，所以会有大学的人跑来教授室，拿摄像机一直拍摄我用做记录。然后在网上得知获奖者是其他人时，什么也没说就走了。好歹说声"真遗憾"，也算安慰我嘛。（笑）获得诺贝尔奖当然也是很开心，不过想到以后再也不用这样子了，那才是真的开心。（笑）

羽生：哈哈哈哈。那时候只会有诺贝尔奖的电话打进来吗？

山中：哎呀，这个谁知道。

羽生：如果拿起电话发现不是，那更伤心吧。（笑）

山中：不过二〇一二年刚好是体育日[1]，星期一休息。而且那年年初，决定诺贝尔奖的瑞典卡罗琳斯卡医学院邀请我做评审委员，我因为太忙拒绝了。因为很少有人拒绝这个邀请，他们也很吃惊。也是由于这个缘故，我以为"今年不会得奖了"。又是休息日，我也觉得很轻松，白天跑了大约二十公里，晚饭的时候正想要喝点啤酒舒服舒服，结果妻子对我说，"洗衣机叮铃哐当的"。（笑）

我正躺在地上修理，留守在大学的秘书说，"教授，刚才不知道

1　日本法定的国民节假日，日期是每年 10 月的第二个星期一。

是谁，打了一个英语的电话过来，问教授的联系方式，我就把手机号给他了。""啊？哦。"说完我接着躺下去修洗衣机，然后英语电话真的打到手机上来了。问他什么事，说是"决定授予你诺贝尔奖"，然后又问我，"是否接受？"听到这个问题，我吃了一惊，"哎，还有人拒绝吗？"不过好像确实有不少人拒绝。

羽生：好像有人因为政治原因拒绝接受和平奖还有文学奖。

山中：然后又说，"两小时后正式公布，在那之前不能告诉任何人"。虽然叮嘱"不能告诉任何人"，但那不可能啊。我赶紧给大学校长打电话，"校长啊，有这么一回事"。

羽生：要做准备吧。到颁奖仪式结束前，重心全在这件事上。

山中：我自己还好，妻子确实是很忙乱。记者当然来了很多，从周一开始整整一个星期都是来者不拒的状态。但是从下一周开始就不接受任何采访了。大概一周以后，我和橄榄球选手平尾诚二打了高尔夫（平尾先生于二〇一六年十月二十日去世）。

羽生：将棋会馆所在的东京千驮谷，有个村上春树先生以前去过的爵士乐酒吧，诺贝尔文学奖颁奖的当天，粉丝会按惯例聚集到那里等待好消息。

山中：是吗？如果是给鲍勃·迪伦还差不多吧。（笑）

羽生：山中教授获奖的那一届，文学奖是哪一位得奖？

山中：莫言先生。他来自中国农村，完全不会说英语，所以带了翻译来。但颁奖仪式上只有本人才能进等候室。那天颁奖仪式没有按时开始，我正感觉奇怪的时候，诺贝尔奖颁奖方的人过来解释说："国王因为交通拥堵迟到了，所以要晚点开始。"

但莫言先生不明白发生了什么。我不会说中文，不知道怎么告诉他，最后只好在苹果笔记本上写了"王樣遲刻"几个字，他的回应是"哦哦哦"。（笑）

羽生：厉害。（笑）完全理解了。

山中：在出乎意料的地方实现了日中友好。

第二章

棋士为什么会输给
人工智能

山中向羽生提问……

我以为不可能输

山中：人工智能的阿尔法围棋（AlphaGo）以四胜一负的压倒性胜利击败世界顶尖的围棋选手李世石，引发了广泛讨论。

羽生：是的，那是二〇一六年三月的事。那一年的二月，在日本放送协会 NHK 的栏目播出的 NHK 纪录片《天使或魔鬼　羽生善治　探索人工智能》探讨人工智能的时候，我和在谷歌旗下的英国深度思考公司开发了阿尔法围棋的杰米斯·哈萨比斯进行了会谈。大家都说围棋至少十年内赶不上人类，所以本以为是非常大的挑战。恐怕李世石自己也认为"不可能输"吧。

山中：人工智能的强大远远超出预期了。

羽生：是啊。将棋软件也在以超乎想象的速度变强。二〇一七

年四五月的电王战上，将棋软件"PONANZA"对佐藤天彦名人两战两胜。

最近在对局转播中，将棋软件全部在同时解析。比方说，把当下的局面评价为正三百分，或者负二百分等。

山中：哎哟，还能这样啊。

羽生：我和软件下出同一手，还被它一步步修改说"这是正解"，真是可怕的世界。

山中：比较围棋的下法和将棋的下法，我本来以为将棋更复杂，其实围棋要复杂得多啊。

羽生：是的。从可能性的数量上说，围棋是十的三百六十次方，将棋是十的二百二十次方。而从软件的发展上说，将棋与国际象棋和围棋的历史稍微有些不同。

山中：说到国际象棋，我在一九九〇年代中期访问美国的时候，IBM的"深蓝"计算机首次战胜了世界冠军。

羽生：一九九七年深蓝击败了当时的世界冠军，俄罗斯的加尔里·卡斯帕罗夫。深蓝的强大是由于过去的庞大数据力，以及硬件计算处理能力的组合。

当时深蓝的数据库中已经储存了超过百万局的巨量棋谱，再加上每秒钟能够思考两亿种可能的硬件。二十多年前，软件还没有那么先进，但依靠数据和硬件的力量战胜了人类。

山中：就像推土机一样靠蛮力取胜。换了围棋，就算以今天的计算机技术，组合数量也无法计算吧。阿尔法围棋是从过去的对局识别大致的胜负模式，然后进行对局的吗？

羽生：阿尔法围棋采用的技术叫作"深度学习"，让机器通过学习来不断变强。学习有两个阶段，首先用人类之间的十五万份对局棋谱做基础。利用围棋网站的数据让它学习，能和职业棋手下出一样的棋。能和职业棋手下出一样的棋，意味着水平和职业棋手一样了。

然后再通过机器之间的对战变强。机器之间可以二十四小时满负荷对战，以一秒一局或者十秒一局的速度积累几十万、几百万场对局数据。以人类完全望尘莫及的速度变强。

阿尔法围棋的可怕之处在于，除了有这样的硬件和数据的力量，还有"启发式"，也就是不一定是正确的答案，但可以通过估算来确定大体符合要求的答案。

不是找到完全正确的答案，而是通过尝试获得相当接近的答案。相当于人类的第六感，或者将棋中的大局观那样的方式。我认为，阿尔法围棋的强大，在于将类似人类的思维方式引入程序、获取进步。

将棋软件的"加拉帕戈斯式"进化

山中：将棋软件与国际象棋和围棋软件的进化方式是不一样的吗？

羽生：是啊。国际象棋和围棋的软件，重视硬件能力和数据量，由谷歌等大企业开发并加强。然而，将棋界却没有巨额资本投入软件的开发。

将棋软件中，二〇〇五年保木邦仁开发的"Bonanza"是当时的最强软件，而且开放了源代码。独立程序员以它为基础，进行改良和修正，不断升级。

山中：具体来说，改良和修正都是哪些工作呢？

羽生：精简和强化程序中最难的是准确评价局面。在评价一个局面的时候，有所谓的"评价函数"，也就是将先手与后手哪个有利进行数值化。程序员在这里不断切磋琢磨，进行细致的修改，让软件不断变强。

山中：这几年来，将棋软件迅速变强，是有什么原因吗？

羽生：是因为有 GitHub 这个网站。GitHub 是软件开发的开源社区。将棋软件基本上都上传到 GitHub 开源了，任何人都能自由使用它进行分析和研究。

谁都可以审查源代码，提出各种意见，"这里有点奇怪""这里需要修改"等，而且也会不断上传最新版本。于是开发者看到以后也会想，"自己也开发一个将棋程序吧"。不管是专业还是业余的棋手都会用它来分析看看。结果水平就有了飞跃性的提高。

山中：这是和国际象棋还有围棋软件不同的地方。

羽生：之所以能做到这一点，其实也是因为销售将棋软件的市场早在大约十年前就消失了。软件太强大了，没人买了。没有了市场，也就没有了利害关系。既然如此，不如干脆开放源代码，让大家都能自由改进它。

一年一度的将棋软件大会结束后，名列前茅的若干软件会在网上公开，第二年又会出现以它们为基础的新软件。当年登顶的软件，下一年就会落到山腰。这样的情况不断出现，真的是以惊人的速度在进化。

山中：大家不是在决出将棋的胜负，而是在决出将棋软件的胜负了。（笑）

羽生：是啊。其实我本来认为，论软件而言，将棋落后国际象棋十年、十五年。国际象棋是世界上竞技人数最多的，论文的数量和质量也是相当高的。但是要说现在的情况，将棋世界里的强大软件都是免费的。而且还开发出共通的平台，能够对比使用若干软件。甚至还有人给不会用的人编写手册。非常体贴。

而另一方面，在国际象棋的世界里，要把软件全部整合到一起，非常花钱。所以国际象棋的软件没有那么多人用。因此，这五年来，我感觉将棋软件一口气超越了国际象棋软件，用起来最为方便。

山中：开发这种软件的人，大约不是为了收益吧。

羽生：没有收益。首先，那不是工作。不过我想，也可能是因为这样的情况：归根结底，如今的程序，大数据的数据力量，或者说硬件的计算资源，左右着整体的性能和功能。那么在程序员看来，不就没地方展现自己的能力了吗？（笑）程序员的比重下降了很多。在这个意义上，将棋软件能让人感觉到自己的价值。

山中：这样说来，将棋软件已经是个人兴趣的世界了。

羽生：是啊。而且我看，不同领域的人分享各种各样的想法、不断进步，开发者们也会觉得很开心吧。至今为止，创造出划时代程序的人，原本也是化学专业或者法学专业等完全不同世界的人。

将那里获得的知识和经验置换过来，开发软件。我认为，这些人才的广泛进入，对软件的发展非常有益。

所以，将棋软件也有这样的一面，它不是依靠数据或硬件的力量，而是通过不断提升软件的力量变强大的。在这个意义上，我想可以说是实现了"加拉帕戈斯式的进化"[1]。

仅以电脑做练习对手的世代

山中：但是，不管怎么说，首先还是要看基础数据库的规模。

羽生：是的。医学世界固然具有巨量的历史数据，而在将棋世界，数据库里最多也就是十万局棋谱。十万局这个数量，作为数据来说，价值并不是很高。

山中：十万局还不够？

羽生：是的。打个比方，国际象棋的数据库，目前有八百万局以上的记录。基于如此庞大的数据，按照概率来选择下法，电脑至少不会在序盘落下风。

1　指在孤立的环境下独自进化，如同加拉帕戈斯诸岛上的生物进化一般。

山中：是吗？不能把国际象棋和围棋软件应用到将棋上吗？

羽生：有的适合 AI，有的不适合。比如围棋软件有"蒙特卡罗法"，就是先计算到棋局的最后，通过统计来判断是不是好棋的方法。但在将棋的情况中，有时候一百步就结束了，有时候两百步才结束，这种不适合计算到最后。

而在另一方面，将棋软件的预读、探索部分，主要用的是国际象棋的开源程序"Stockfish"。以前人们说"将棋软件没有通用性"，认为不可能把其他种类的软件应用过来，或者反过来应用到其他种类中去。但是这个 Stockfish 超越了种类的障碍，横向发挥出软件的功能。

山中：将棋界也受到了 AI 的影响。如果把 AI 应用在将棋的研究中，专业人士是不是也会有自尊心，认为"身为专业棋手，怎么能依靠机器"？

羽生：我想是有的。

山中：即使知道 AI 很优秀，但还是会有棋手拒绝它吧。

羽生：遇到那样的东西，因为自尊心的敏感而不采用它，也是一种态度。不过 AI 确实是很有用的工具，就像是计算的时候可以选择要不要用计算器一样。所以在必须自己思考的时候自己思考，而把很基础的、没有必要思考的地方交给 AI，也未尝不可。

这一两年来，将棋软件已经非常强大了，特别是年轻人利用将棋软件进行分析已是普遍趋势。所以我想，今后的孩子们会把那样的东西作为工具，变得更强吧。

山中：和科学的世界一样，将棋世界的变化也很剧烈，也必须跟上那样的变化啊。

羽生：只是伴随技术的发展，这种事情也是一次又一次上演。最早是在出现棋谱数据库的时候。怎么更好地使用数据库，成为摆在棋手们面前的课题。然后是互联网的出现，大家都开始用互联网练习了。以前如果住得比较偏僻，就很难找到对局的对手，而有了网络，不管在哪里都能下棋。城市和农村的地理障碍从此消失，很多人年纪轻轻就有了丰富的对局经验。而现在则是有了软件或者说程序，如何有效使用这种程序，成为接下来特别是年轻一代所必备的能力之一。今后将会出现仅以软件做对手进行练习的强大的一代人吧。

为什么研究者倾向于隐瞒

山中：将棋软件是以开源为基础，齐心协力，最大限度发挥网络社会的优势，促使其不断进化。但是，我所在的生命科学的世界，研究竞争非常激烈，感觉大家都倾向于隐瞒自己的研究，直到发表论文的时候才公之于众。

羽生：前沿科学的世界，有点令人意外啊。

山中：没错。发表论文的过程，首先是将自己的论文发送到《自然》或者《科学》杂志的编辑部，然后由几个在做同样研究的研究者，基本上在匿名的情况下进行审阅，这叫作"同行评审"。再根据他们的意见，比如"这里最好做些调整"，进行修改。

羽生：经过各种过程才能刊登。

山中：最糟糕的情况是被拒，"这项研究毫无价值"。这种情况相当多。最好的结果是，"这项研究很精彩，我们立刻刊登"，然后一个月之后就登了。这种事情偶尔也会有，但是很少。大部分情况是给出意见退回，"这里有问题，请追加实验""这里和这里请修改"，于是花费几个月时间追加实验，再发回去。然后又被退回来说，"这次请改善这个地方"。有时候需要一两年。所以生命科学的领域中，现在在做的研究，最早也要等两三年才能问世。

羽生：时间相当滞后啊。

山中：相当滞后。科学技术日新月异，数据很快就能拿到。而且是巨量数据。但是无处发表，只能一直抱在手上，这已经成为现在的大问题了。

越来越多的人认为，生命科学也应该改变发表的方法了，现在需要实时问世的机制，但一直没能取得什么进展。毕竟，过去一百多年来，我们的研究目标都是这样发表论文。

羽生：这种研究习惯也是很顽固的。

山中：是的。很难改变这种习惯。发表论文就是我们的生命。如果由研究领域接近的几位研究者进行评分，那么得分必然会被自己和他们的关系好坏所左右。这就很难说公平。

一切都"实时"的时代

羽生：我最近听说了一个很有趣的消息，说的是康奈尔大学的数字化收藏项目"arXiv"。那是将物理、数学、计算机等领域的研究论文预印本进行电子数据化存档和公开的电子档案服务。

如果从研究到发表需要一定时间，人们就很难知道其他研究者正在研究什么。但是去看 arXiv 就会知道目前人们在做哪些最新的研究，因为上面刊载了审查前的论文。也有许多研究者在那上面做验证。

山中：在很久以前，物理学和数学领域就有那样的实时发表渠道。发表论文是最后补足的完成形态。在学会或网络上的发表，也会不断给出数据，同时接受实时的批评。如果有错误，自然会有人发现。许多学术领域都是这样的情况。

但是生命科学的传统是隐瞒，直到论文发表为止。在学术研讨会上发表的时候，也要把重要的地方隐藏起来。一直都是这样的风格。比如基因分析，如果发现某个序列与某种疾病有关，当然会写成论文。但与之同等重要的信息是，这个序列与疾病有关，但那个序列与疾病无关。

羽生：是的。

山中：但是按照目前生命科学的发表方式，这样的信息基本上不会公布，结果造成研究资源的浪费。

羽生：很可能会出现这样的情况：重复做了同样的研究，或者其他研究室已经得出结论了——

山中：这种情况我觉得很多。数据越多越准确，错误也会越少。但是与其他共享大数据的领域相比起来，生命科学领域没有进步，研究发展面临巨大的障碍。

创立 Facebook 的马克·扎克伯格，他的妻子是儿科医生，所以他给科学研究捐了很多钱。二〇一六年，一个家庭就投入了三十亿美元，启动了一项消除疾病的研究项目。他们试图将生命科学的发表方式改变成刚才提到的 arXiv 那样的开放形态。这项计划也得到了许多捐赠。

羽生：科学论文网站的订阅费很高，所以很多机构都不得不停止订阅，这也是问题啊。大学生不满这样的情况，通过电脑技术，免费公开几十万份科学论文，结果又会受到论文期刊方的投诉。

山中：论文和期刊原本应该是为了推动研究的发展，现在有些地方却反而变成了阻碍。

羽生：其他领域也可能有这种情况，但因为这是伴随研究产生的权利，或者与专利有关，所以也不可能一切都保持自由和开放。

山中：确实如此。研究中也会产生专利，该保护的地方确实也应该保护。

提倡专利降价的原因

羽生：关于专利，我也想请教一下。美国有"专利流氓"的问题，就是有人从他人手中购买收集专利，等到有人侵犯了那些专利，就去索取巨额赔偿金或者许可费。生命科学的世界里也有这种情况吗？

山中：有的，有的。有些公司很喜欢这么干。所以我们申请专利，有时候并不是为了获得利益，而是为了防护。

羽生：原来如此。

山中：iPS 细胞是很基础的技术。以它为平台，可以开发出各种应用。所以我们虽然开发出 iPS 细胞，但希望能有更多的人使用这项技术，尽可能不做任何限制。

但正如您说的那样，除了我们的专利之外，也有公司基于营利目的申请专利。如果那些专利申请成功，哪怕只是部分内容，iPS 细胞技术也会很难使用。

专利本来是为了保护企业能够独占技术开发的利益而建立的制度，但在我们看来，作用却完全搞反了。京都大学这样的公立机构取得专利，设置合理的许可费，通过这样的做法，避免某个企业通过专利独占技术，确保各个研究机构能够更加广泛和自由地使用 iPS。所以虽然都是申请专利，意义完全不同。实际上，我们在二〇一七年，曾经要求富士胶片降低细胞开发和制造的专利许可费。

羽生：与其让企业持有专利，还是大学持有专利更具公益性啊。

山中：大学持有专利非常重要。因为企业是以收益为目的的。

企业新开发的药物和医疗手段，成本非常高，甚至有患者会为此花费掉一亿日元。这是全球性威胁。

羽生：企业股东追求利润，这也是理所当然的。

山中：是啊。无论如何，各项应用如果不能提高收益，就肯定无法发展。但是归根结底，我们还是希望基础的技术能得到更广泛的使用，就像操作系统一样。以前微软不断公开操作系统，苹果就很封闭。虽然很难说哪种做法更好，但是目前基本上，基础部分的公开已经成为世界性的潮流。生命科学的领域也是，根本性的技术尽可能不要封闭，我认为这对于推动研究来说非常重要。

人会揣测，因而会犯错

羽生：不过，不同国家的专利申请方式并不相同，非常复杂。

山中：是的。当年只有美国采用"发明优先原则"的方法。其他国家，包括日本和欧洲，都是"申请优先原则"。

羽生：意思是先申请者优先？

山中：这是重视申请者权利的原则。提出申请的日期有具体的公开记录，清清楚楚。但在美国，即使申请以后，一旦有人提出不同的主张，说"不，实际上是我更早想到的"，也有可能被承认。要应对这样的主张，唯一的方法就是留下详细笔记，记录创意和想法是何时诞生的。而且不能只有自己写，因为可能是事后补的，所以需要第三者定期签名。这样的笔记验证我也做过，用来应对美国的发明优先原则。

羽生：那要花费很多工夫吧。

山中：是的。不过在奥巴马总统任职期间，美国也改成了申请优先原则，和其他国家保持一致了。从这个意义上说，如今倒是不再需要笔记验证。不过我们为了防止非法研究，还是在继续验证笔记。

羽生：记录也很重要。

山中：是的。规则虽然都一样了，但是做审查的还是人。美国的专利局、日本的专利局，都是由审查团来做审查。特别是美国，针对某项专利申请，通常是一个人审查决定。

羽生：这样的吗?

山中：所以那个审查人的想法会对结果产生很大的影响。如果能保持公平裁决当然很好，但在我们看来，有的裁决还是不太合理的。不知道是不是他们的国策，总之有些地方过于考虑自己国家的利益。

羽生：论文审查也是同样的问题。不像网球，如果对判决不服，

可以"鹰眼挑战"[1]。（笑）

山中：如今球赛的规则非常清晰。以前的美学观念是，就算裁判做了完全错误的判罚，也必须遵守。现在几乎所有的球类比赛都有录像记录，挑战发现判罚错误的时候，判罚会被推翻。在这一点上，拳击、花样滑冰、体操等需要评分的竞技项目，很难做到客观判断。由人类来做的工作，怎么都——

羽生：法院审判也是这样。需要得出现实结论的时候，常常会担心人类做的判断难免带有偏见，或者代表某种利害关系。这本身虽然说不上是揣测，但毕竟存在这样的可能。

山中：所以，专利的裁定、论文审查、评分竞技，最好不要由人来做，而是让公平公正的 AI 来做。（笑）

1　二〇〇六年起在网球比赛中启用，由十台摄像机组成鹰眼系统追踪网球轨迹，允许运动员观看鹰眼的回放来质疑司线的判罚。每局有三次质疑机会，质疑成功不扣除机会次数。

第三章

未来人类会被
AI 控制吗

山中向羽生提问……

人类的美学意识限制了选择的范围

山中：将棋的胜负情况是，计算机越来越比人类强大，而人与人之间的对局棋谱，和计算机之间的对局棋谱，在人类看来，趣味性和自然性上有区别吗？

羽生：现在的 AI 并没有按时间序列进行处理。也就是说，不是按照对局的流程，而是每一步都指向当前局面下最好的一手。由于这里没有流程的概念，所以在人类看来，AI 的棋谱有种不自然的感觉。这大概是对 AI 感觉最不协调的地方。

山中：与人类的思维方式有根本的不同。说到时间序列，也就是所谓的定式吗？

羽生：与其说是定式，其实更像是人类棋手的思考确定下某种

方向，比如说"那就打个持久战吧"，或者"急速开展进攻"，这种
想法会反映在棋路上。AI 总是将每一步孤立思考，至于说到底是以
怎样的流程走到这个局面的，完全不做考虑。换句话说，AI 的棋路
中没有连续性或者一贯性。所以在人类看来，会感觉"AI 对局的棋
谱缺乏美"，不过最近也有让 AI 学习时间序列的尝试，所以战术也
变得相当简练。好像原来说计算机做不到的各种事情，现在能做到
的也越来越多了。

山中：这么说来，将棋软件的棋路也越来越美了吧。

羽生：这个与其说是 AI 的问题，不如说是人类美学意识的问题，
也就是人类到底认为什么才是美。棋手选择下一步的行动，和磨练
美学意识的行为非常相似。即使盘面上有下在某一手的选项，人类
棋手也会因为"不美"或者"不喜欢这个形势"的理由，不去选择。
反过来说，细致分辨盘面的好形和愚形，锻炼区分形势好坏的能力，
也等于是增强棋力。

山中：啊，增强棋力就是磨练美学意识吗？

羽生：但是，AI 网罗全局，不留盲点，所以会选择形势不协调
的下法，与人类的美学意识不合。其中很多下法在人类看来基本上
是毫无意义的。在这个意义上，人类的美学意识有可能限制了下法

的选择范围。不过，通过吸收 AI 的想法，人类的美学意识本身也开始出现变化。通过技术革新吸收这样的东西，我觉得也越来越常见了。所以今后便有可能出现这样的情况：原本因为感觉"不美"而排除在选项之外的下法，试着走一走，意外发现也能行？

AI 不知恐惧为何物

山中：那么，AI 也可以具有创造性？

羽生：这要看怎么定义创造性。我认为，创造性事物的百分之九十九点九，是过去有过的事物的组合。所以，创造性也好，独创性也好，在将棋中就意味着，"将过去有过的下法，进行至今未曾有过的组合"。

AI 下出以前从没有人下过的新手，这种情况近来不断增加。实际上也有这样的情况：软件发现的新手，后来变成了定式。不过我想，那种创造，和基于人类想法的创造，有着明显的差异。

山中：AI 下出的新手，为什么人类没有下过？

羽生：那可能是因为人类具有的某种防御本能或者说生存本能，逃避选择那样的下法。

山中：防御本能？这是什么意思？

羽生：人类习惯于连续性和一贯性，在其中可以感到安心和安宁。我倾向于认为，这也许是人类感受"美"的美学意识的基础。反过来说，对于之前没有见过、没有经历过的事情，会感觉到不安和危险。那是人类为了生存而必备的本能般的感觉吧。在下将棋的时候，也会有那样的感觉。另外，不管如何强大，被将军的时候都会感到危险。

但是，AI 天生没有恐惧心，因而能从基于那种连续性和一贯性的美学意识中解放出来，完全根据过往的数据计算最优解。所以能下出人类绝对不会选择的危险下法。

山中：因为计算机不会害怕。

羽生：我听软件开发者说过，"如果不断引入随机变量，AI 也有可能做出创造性的工作"，稍微放一点随机变量，和我们说的真正意义上的创造是完全没关系的。所以一般认为，接下来 AI 的开发即使有所进展，也很难做出人类那样的创造。

AI 创造不出"梨妖精"

山中：在将棋的创造性上，人类棋手保留着可能性吗？

羽生：双方都有可能。也就是说，AI 虽然不能产生出创造性的东西，但可以根据巨量的数据，不留盲点和死角地思考下法。

　　而且，考虑到 AI 的飞速进步，即使百分之九十九点九都是从过去有过的事物的组合中诞生出来的，剩下的百分之零点一的部分，也许会是前所未有的创造性事物吧。我也有一点这样的期待。

　　不过即便如此，我想有些创造还是只有人类才能实现。我经常会提起"梨妖精"[1] 的例子。不管 AI 怎么进化，我想都创造不出梨妖精。不管如何积累过往的热销商品数据，也创造不出初音未来，更不可能创造出类似"梨妖精"这样以乱七八糟的设计赢得巨大人气的东西，就像是突变品种一样。

　　AI 擅长根据数据预测人们喜欢的东西，但人类喜欢意外的天性、喜欢莫名其妙的可能性，AI 恐怕无法预测。我想这是只有人类才能做出的创造性行为。

　　山中：也有共感的问题。如果 AI 做出那样的东西，大概就会被认为"AI 真的不行"，但如果是人类做出来的，就会说"哦哦，挺可爱的"。(笑)

1　日本千叶县船桥市的吉祥物。

羽生：这种偏见确实很重要。巴赫音乐的双盲测试就是典型的例子。有三种音乐，分别是"真正的巴赫创作音乐""AI 创作的巴赫风格音乐""人类创作的巴赫风格音乐"，但是预先并不告诉听众这三种都是谁创作的，让他们听。结果，最多人认为"最有机械感"的音乐，其实是"人类创作的巴赫风格音乐"。如果先说这是 AI 创作的音乐再让人听，就会变成"果然很有机械感"吧。（笑）

山中：这种情况还真是富有人类的风格。（笑）

羽生：我去英国拍摄 NHK 节目的时候，拜访过开发肖像画软件的西蒙·柯尔顿先生。他说："AI 可以做很多事，也能写诗，但我不会写那种软件。"他给出的理由是："人类写的诗才有意义，AI 和机器人就算写诗，也没有意义。"

说起来，如果一群机器人沿着鸭川排一长串，飞速写出诗歌，逐一吟诵俳句。那样的诗歌和俳句，确实有点……（笑）

山中：实在说不上风雅啊。（笑）

羽生：果然还是因为有着一个个的人类肉体，写出来的作品才会有意义啊。

AI 能找借口吗

羽生：专门研究人工智能的东大教授松尾丰说过，AI 能否融入社会，最重要的问题是，"AI 能不能找借口"。

山中："找借口"？

羽生：是的。对于不了解 AI 的人来说，倾向于认为 AI 绝对不会犯错。但是，只要理解 AI 的执行机制，就会知道，AI 只是在执行概率上比人类更正确、概率上比以往的做法效果更好而已。谁也不敢保证说，AI 出错的概率为零。但是，一般人的印象是 AI 百分之百不会犯错。这是很大的错觉，而且我觉得，AI 越进化，产生这种误解的人会越多。

不管做什么事情，失误、失败、事故，必然会发生。在那时，AI 能不能好好解释和说明失败的原因和理由？如果不能的话，我想 AI 将会很难被社会所接受。

山中：也就是说，现在的 AI 无法做出很好的解释。

羽生：我采访过 AI 相关的各种一线人士，专家们都认为 AI 如何做出决定，完全是黑箱。比如说，深度学习是经过许多层的学习，做出决策会有几十层的复杂过程。要追溯那种决策过程，如果输入部分和输出部分的距离较短，倒也可以理解，"这里是这样的，所以得到了这样的结论"。但是，层数一多，人类就无法看出到底发生了什么。结果就是 AI 做得很好，但到底是什么过程、为什么能做好，开发者自己也不知道。

山中：一切看结果。这样的话，失败的时候，原因何在，人类也不知道。

羽生：也有人可能会认为："结果反正提高了性能，不是吗？"但既然是人类在使用，当然还是希望能够回答"为什么""怎么样"的疑问。

比如说在金融世界里，对于不断产生利益的自动交易，我想没人会提出异议。但是在医疗一线使用 AI 的时候，患者会问"为什么用这种治疗方案"，如果只是回答说："我们不知道原因，但总之治愈的概率较高。"患者会放心吗？

反过来说，也会有人说："如果这位医生这么说，我愿意信任他。"即使说的是同一个意思，但说话的对象不同，听起来就完全不一样。很多时候，我们都会"因为是这一位说的"而接受。

我想，社会能否接纳 AI，关键在于 AI 说的话能否让人类充分信任。

将棋世界也有这样的问题。AI下出新手的时候，人类能否揭开黑洞般的过程，接受这一下法呢？在如今的将棋世界，这一点已经成为一个现实问题了。

体贴的机器人

山中：一想到人类与人工智能共存的可能性，对双方来说，要解决的问题都是堆积如山啊。不过，回顾历史，包括我在内的科学家们认为"应该不可能"的事情，都一一变成了现实吧。如果说依靠科学的力量，可能很久都不能确定是不是真的会实现，但我也认为，迟早有一天，AI会在相当程度上变成现实。就像人类基因组计划，人们普遍认为"绝对不可能"，结果还是实现了。

羽生：可以说各个领域都有同样的情况。

山中：就说开汽车这件事，也许用不了多少年，就会变成自动驾驶，大概很多司机都会失业。

哪怕在医疗领域，现在医生所做的事情，其实都是模式识别：查看检查数据，做出诊断，再进一步查看检查数据，确定治疗方案。即使以当前的技术水平来说，许多事情说不定还是计算机做起来准

确率更高。但是，医疗一线人员对患者的触诊、医生的谈话给患者带来的安心感，要让计算机承担这些事情的话——

羽生：那就很难了。

山中：另一方面，很多老人也在医用动物机器人身上得到了慰藉。活的宠物总是会死的，但机器人只需要修理就能恢复，这就能避免丧宠综合征。

羽生：确实，我听说有人把像宠物一样陪伴自己的机器人送去修理，客服顺手把破损或污垢清理干净送还回去的时候，反而会遭到投诉。如果长时间接触机器人和 AI，也许就会把对待人类的思绪和感情带入进去。

山中：这样想来，肯定也会有这样的一天，机器人打扮成医生来给患者触诊（笑）——比起让我这种可疑的医生触诊，还是对机器人更放心吧。到那时候，算是好事呢，还是坏事呢？

羽生：语音识别、图像识别、气味感知等等，机器人都有比人类更灵敏的高精度传感器，所以肯定会有相应的程序，利用这些传感器获取信息，采取让人类感到舒适的行动。

到那时候，机器人虽然并不是真的能够体会到人类的感情和情绪，但在人类看来，它们都非常体贴温柔，都是"体贴的机器人"。（笑）

我觉得将来很有可能制造出那样的机器人。

山中：今后日本将是超高龄社会，让机器人协助照顾老人，也是养老问题的对策之一。和不知道在想什么的人类相比，也许还是编写了体贴温柔程序的机器人更让人安心吧。

羽生：不过，人类的感情也很复杂，所以对于受看护的一方来说，有时候还是不带感情和情绪，淡然遵从手册的看护机器人，更令人舒心吧。

山中：确实有可能。夜里按呼唤铃的时候总觉得很不好意思，但如果对方是机器人，好像就能随便使唤了。

AI 能下"招待棋"吗

羽生：说到开发行为类似人类的人工智能，北陆先端科学技术大学院大学的饭田弘之教授说，他一直在研究能下"招待棋"的将棋软件。

山中：哎？

羽生：那不是以战胜人类为目标的强大将棋软件，而是根据对方的情况，微调自己的棋力，最后输给对手的软件。不过，要在胶

着的战斗之后输掉棋局、让对手心满意足的人类行为，对 AI 来说好像很难做到。

山中：哎呀，这种事情人类也做不到。（笑）

羽生：AI 虽然也能输棋，但往往会很明显。突然送一个车什么的，（笑）要么乱下一气。

山中：这种情况，对手就算赢了也不高兴啊。既然不会高兴，也就算不上招待了。

羽生：我在 NHK 的节目上采访过 SoftBank 开发的人型机器人"派博"。那种机器人的设计目标是通过摄像头和麦克风获取人的表情和情绪，从而反映在行动上，成为"亲近人"的机器人。我和派博玩过花札，它会故意输牌让我高兴。说起来我是被机器人招待了。（笑）

山中：这机器人也太能演了。不过羽生棋士和小学生下指导棋的时候，也不能大杀特杀吧。要激发小朋友学习，还要最后以微弱的优势获胜，很难很难吧。这就是一般说的"招待棋"吧。（笑）

羽生：哈哈哈。我曾经和一百个中小学生下过"百局棋"。下棋其实不累，真正累的是在长长的桌子旁边像螃蟹一样走来走去。一百个人，再怎么快，走一个圈也要四五分钟。结果因为对手是孩子，他们有几个人自己商量了一下，趁我走一圈的时候偷偷走了两步。第一次我没说，但又来了一次，这就太不好了，所以我还是出声提醒了一句："连走了两步吧。"

山中：全都看得清清楚楚。也就是说，这一百局棋，羽生棋士全都记住了？

羽生：啊，不，没有全都记住，不过会有种图像感，所以自己没下过的形，或者是错误的位置等，马上就会意识到。

山中：现在也有孩子从小打高尔夫，有些孩子就挺狡猾，推杆的时候把球放到标记点前面很远的位置等。（笑）虽然只是小事，但大人发现了一定要好好教育才行。

羽生：是啊。不过连走两步那次，让我感觉到了那个孩子的努力。因为我下一步必定能吃掉他的车。他太想救出那个车了。我很理解他的心情。正因为理解他的心情，第一次就放过他了。

山中：但是那个孩子被羽生指出自己作弊，肯定很受伤，大概再也不会那样做了吧。

羽生：应该没事吧。

人类不用工作的社会

山中：和以前不一样，现在六七十岁的人，也在勤勤恳恳地工作。而且洗衣机、洗碗机等方便的家电商品也层出不穷。在工厂里，也有各种各样的机器人在工作。所以再怎么看，比起百年前，如今的我们应该很悠闲才对。每天工作一小时，剩下就应该可以玩了。但是实际上感觉好像比以前更忙。这到底是怎么回事呢？ AI 在不断进步，今后人类就没什么事情做了，人类做什么呢？ "没事可做，画画吧"。话是这么说，可是"绘画机器人"画得比自己更好，这就没意思了。（笑）

羽生：各种预测都有。有人说，人类可以从劳动中解放出来，尽情做自己喜欢的事，每天开开心心。也有人说，按照目前的资本主义制度，要实现那样的生活，还有相当的距离。在 AI 急速发展的世界里，AI 可以代替人类做所有的事。人类不再需要工作。到那时候，人类可以不用工作就过上美好生活吗？ ——关于这个问题，有过许多社会实验。比如，无条件向所有居民发放一定资金的"无条件基本收入"（最低生活保障金）设想。二〇一六年，瑞士的全民投票否决了无条件基本收入制度的施行。感觉人类远远跟不上变化的速度。但话又说回来，完全不用工作，有了大把时间，又会觉得"还是想工作"。（笑）忙的时候讨厌工作，但太闲了又想去工作啊。

山中：怎么都会工作的，这就是人类啊。

羽生：不过，作为一种可能性，也有人在设想不工作的生活。美国到底还是有它厉害的地方，有个项目就在研究"当人类不再需要工作，有了大把时间之后，会如何行动"。那个项目为数千人提供了足有三年的生活保障，进行跟踪研究。

山中：要是一周说不定会感觉很幸福。时间太长就有点……

羽生：一周时间吗？！

山中：能有一个月的休假当然也会很开心，但是想到休完假还是有工作等着，然后就会彻底没有休息时间，于是反而会感到很有压力。（笑）

羽生：如果朋友或者周围人没有同步休息，单单自己休假，也是麻烦事。不过，比方说有些老人约好了去公民馆下将棋。他们在早上同一时间集合，同一群人下棋，每次连下的棋也都一样。就这样一直继续。一直都做同样的事，好像也挺开心的。

山中：这也能行？（笑）

棋士这个职业会消失吗

羽生：我听 AI 研究者说，他们经常被人问这样的问题："不管 AI 怎么发展，今后哪些职业不会消失？"对于这个问题的回答是："今天还不存在的职业。"我觉得很有道理。

当然，今天的职业会有一些继续保留下去，而今后也会出现新的职业。百年前的人看到今天的职业，肯定有很多都不明白，觉得："这是什么东西？"

山中：棋士这种工作好像不会消失吧。

羽生：哎呀，这谁知道呢。AI 可以量产，而且近年来将棋软件真的越来越强。

山中：但是人类的竞争只有在人类间进行才有意思吧。看两台电脑下将棋也太无聊了。就算宣布说"机器 A"战胜了"机器 B"，（笑）那已经是不同的比赛了。

羽生：现在已经有 AI 之间二十四小时不断下棋的网站了，"Floodgate"。那上面不断产生新的棋谱。如果爱看将棋的人认为"AI 之间的对战要比人类之间的对战更有趣"，棋士这个职业说不定就会消失了，还是挺有危机感的。

反过来说，现在的棋士面临的问题是，如果说人类之间的对局富有魅力，那么能不能持续产出超越 AI 对局的价值呢？另一方面，在 AI 进化之后，会不会有可能丰富人类的创想，让人类发挥出超越今天的创造性呢？即使不能说和 AI 一样，那么能不能说，至少人类的能力也在不断提高呢？

山中：按照这个速度，在我们的有生之年，还会出现和现在完全不同的技术。你看，大哥大换成了智能手机，不管在家里、在地铁里，从孩子到老人，大家全都能用，放在十年前根本想不到。所以十年后到底会变成什么样，我是想象不出的。但是话说回来，我认为绝不会出现人类被机器控制的情况。

羽生：我想，限定于某种特定目的的专业人工智能，开发进展会很顺利，应用也会越来越广泛。但是，专注于某个领域学习的智能，要想成为也能在其他领域发挥作用的、具有人类智慧那样"通用性"的人工智能，还很遥远吧。

AI 能超越人类的大脑吗

山中：将棋和围棋都是争胜负的游戏，这应该是电脑擅长的。

即使在体育领域，若只论投球手投出的速度，田径选手跑的速度，那肯定都是机器人更快。不过，能造出用和人类完全一样的身体构造投掷的机器人吗？用和人类完全一样的身体构造跑并胜过人类的机器人，什么时候能出现呢？也许迟早会实现，但不知道要过多少年。

羽生：确实如此，要让机器人学会保持平衡、平稳运动等运动技术好像非常难。

我对"通用人工智能"感兴趣，是有原因的。开发阿尔法围棋的哈萨比斯先生，在谈到开发 AI 的初衷时，举出的理由之一是揭开人类思考的机制。实际上，"启发法"这种掌握大方向的方法，可以说就是引入了类似人类的思考机制。

只是，还有不少等待克服的障碍。半导体业界有个经验规律叫作"摩尔定律"，意思是说，"半导体的集成度每过一年半到两年就会翻倍"。现在的 CPU 大约是七纳米（一纳米等于一米的十亿分之一），迟早会到达极限，所以现在很多人也在研究与以往完全不同的工作原理来提升处理速度，其中之一就是利用量子力学原理的量子计算机。

山中：据说量子计算机的计算速度能够远远超越超算（超级计算机）。

羽生：除了量子计算机，还有一个是模仿人类大脑的"脑型计算机"（brain computer）。今后要处理大量的数据和信息，比如说神户有超算"京"，但也不可能建造一千台两千台。很多人认为，计算机的将来，只能是可以并行处理的量子计算机，或者超节能的"脑型计算机"。不过，尽管理论上都有可能，但在可预见的将来还是实现不了。

山中：大脑的机制还远远没有弄清。AI的开发飞速进步，有人预测说三四十年后将会迎来技术奇点（计算机超越全人类总体智慧的时间点），但是不是真的能用电脑预测人脑的全部功能，感觉还是相当难说。有生之年不知道能不能成功。

智能手机是"外接智能"

山中：美国前总统奥巴马在二〇一三年提出了"脑研究计划"（BRAIN Initiative），那是继"阿波罗计划""人类基因组计划"之后的又一个巨型研究项目。计划的目标是弄清大脑各个部分的功能，完成"大脑地图"，从而弄清大脑网络的整体情况。

羽生：对抗美国的欧盟，也在推进巨型脑科学项目——"人类脑计划"。那个计划由洛桑联邦理工学院主导，依靠欧盟的资金，目标是应用超级计算机，最终实现人类大脑的模拟。

山中：这些项目不知道又会引出什么样的重大突破啊。在阿波罗计划中，计算机技术有了飞跃性的发展。正因为有那样的计算机的发展，基因组计划的基因组解析才能顺利推进。接下来还会如何发展，真是令人期待。

羽生：个人认为，人类与机器的边界，将会变得相当模糊吧。因为比如说有各种身体残疾的人，借助于人工制品恢复功能，正常地生活，那么人体哪些部分是与生俱来的，哪些部分是人工制造的，好像都会变得难以区分了。

山中：因为日本人很重视外表。特别是现在老年护理员人手不足，不少地方在尝试引入机器人。我觉得这是好事，但在日本，恐怕外表像人是最受重视的特性之一吧。而如果放到美国，就算外表硬邦邦的，很机械化，只要有实用性，也会普及开来。感觉日本和其他国家不一样，外观的因素也很重要。

羽生：我觉得这就是"终结者"和"铁臂阿童木"的区别。（笑）铁臂阿童木的功绩很大。

说到智能，现在很多人都有智能手机。持有智能手机，其实就是"外接"了手机具有的智能。不知道用 IQ（智商）来表述是不是合适，比如说，如果出现了能将 IQ500、1000 的人工智能做成便携工具的技术，不管是装在体外还是植入体内，我想恐怕没人会不用它。

如果人类一直随身带着那种工具，用它去理解各种事物，那么 IQ100 的人类，大概会深有感触地说："IQ500 是这样的呀！"（笑）从这个意义上，同样也可以说，人类和机器的边界会变得非常模糊。

山中：今天的 iPhone，和十年前全世界最快的电脑，性能也差不多吧。

羽生：iPhone 的性能，比阿波罗计划中用的计算机性能还要高。

山中：结果现在就装在那样一个小盒子里，每个人都在用。学生们遇到问题，马上就会用 iPhone 检索。我一旦说错了什么，当场就会被指出说："老师，你说的不对。"（笑）使用手机已经成为很自然的事了。

失控的 AI

羽生：在这个意义上，今后，我们人类可能不得不重新定义"智能"和"智慧"。

人类的历史是在"只有人类才具有高度智能"的前提下发展至今的。但是，将来 AI 的 IQ 可能会高达三千甚至一万。那时候，这个前提可能就不再成立了。

"在这个领域，AI 比人类做得更好""人类能做这个，不过 AI 做不了吧"。在讨论这些问题的时候，恐怕不得不重新思考：人类具有的"高度智能"的智能到底是什么？但是问到"智能是什么"，最终的回答还是不知道。对人类来说，"能实现但不能解释""实际想到的、感受到的事情，并不能全部用语言描述出来"的情况太多太多了。

山中：都是黑箱。

羽生：不过，随着 AI 的进化，我觉得有可能出现能与人类的智能媲美的东西，进而让人类智能的真实形态呈现出来。正因为到今天一直都没有比较的对象，所以"智能是什么"的问题得不出答案，而如果 AI 成为比较的对象，也许就能回答说"智能就是这样的东西"，从而接近人类智能的本质。有相当多的研究人员认为，如果能探明人类智能的本质，便应该能创造出与人类智能相同的 AI。

山中：AI 和人类携手合作的世界中，会诞生怎样的可能性呢？

羽生：这个问题我很关注。比如说，美国利用 AI 巡视防盗的案例。那是在全美国犯罪率很高的街区。由于人手有限，因此以犯罪的发生地区和犯罪频率等数据为基础,让 AI 决定"今天去哪里巡逻"。

资深的警察一边抱怨"为什么要去那种平静的住宅区巡逻?肯定不会有人犯法",一边按照 AI 的指示去巡逻,结果发现真的有人行为怪异,即将盗窃。结果,犯罪率明显下降。

这让人想起科幻电影《少数派报告》。那个电影说的是,AI 预测出将要杀人的人,于是预先将其逮捕。从某种意义上说,那是一种非常荒谬的近未来社会。

山中:但是,也没办法嘲笑那样的荒诞无稽。

羽生:是的。现在 AI 是民间企业在开发,在某个时期之前基本上都不会公开开发计划,只有很少的时候才会向世界宣布说,"完成了这样的东西"。

按照这样的情况,关于 AI 的开发,社会就算要求建立新的标准、新的伦理,但还是跟不上现实的发展。另外,那些标准和伦理,由谁、在哪里、以什么形式来决定,就连这个基本框架都没有成形。因此我认为,目前还是非常模糊的阶段。

在有数据的世界里,AI 有可能产生出超越人类经验的结果。不过,要说这是不是一定会出现,也不是绝对的。那时候,刚才说的"黑箱问题",虽然能得到结果,但其中的机制谁都看不到的情况,人类一方能否接受，则是另一个问题了。

由于无法理解其中的道理，AI 给出的结果也好结论也好，是相信还是不相信，或者只是听一听，都是有可能的。但是我想，人类不能放弃、舍弃人类自己的思考方式、启发方式。

AI 是一名出色的员工

山中：今后，像我们这样的研究者和医生的工作会发生什么样的变化呢？比如，AI 说不定甚至会对研究方向做出建议："这样试试怎么样？"但是，是不是去执行，归根结底还是要人类做决定。

羽生：AI 制造出大量的无意义数据。就拿将棋来说，将棋软件一直在运行，积累了几百万份棋谱。那些显然不可能全都用于参考，只有其中极小的一部分才会做参考。所以，给那些数据赋予意义的，终究还是人类吧，我感觉。

山中：所以 AI 大概也就相当于一名出色的员工，具有丰富的知识，永远都保持沉着冷静，不带感情地说："山中教授，这样选择的情况下，获得这一结果的可能性将提高百分之十三。"（笑）虽然是非常重要的信息，但毕竟还是参考意见。AI 只是员工，不是负责人。

在医疗领域，这一点具有决定性的差别。最终确定的治疗方案，是患者与医生决定的。比如说，对于癌症末期的患者，AI也许会基于逻辑提出建议说："这种癌症，不管采取什么治疗手段，百分之九十九点九九的情况下都不会有效，所以停止治疗，转为临终关怀吧。"

但是，在理解这一情况的基础上，如果患者本人和家人说"不，我们还是不想放弃，希望战斗到最后一刻"，那么不管AI说什么，都应该满足患者的愿望。这种判断，终究只有人类能做。

在这个意义上，人类的意见最终还是必需的。如果AI决定一切，可能会出现诸如此类的判断："从医疗经济的角度，这个患者不必再治疗了"，或者"花费几千万治疗八十岁的患者很不划算"等。但如果患者"还是希望继续治疗"，也应该加以考虑。

羽生：是的。

山中：但如果AI基于这类问题的各种数据，说不定能够聪明到提出这样的意见，"理论上应该是这样，但考虑这位患者的性格和经济实力，也可以有其他选择"。

羽生：这可能有两种办法。一种是基于百万数量级的大数据，"在概率上，有这样的选项存在"。另一种是积累这位患者人生过去

的数据，基于那些数据，"他应该会希望这样的回答"。

山中：那个时候，要为判断提供依据，就必须积累这个患者的个人数据。随机数据是可以存储的，但个人的数据面临个人信息的障碍，能否存储，又是另一个问题了。

羽生：是啊。只是，现在只要用手机，个人的信息就会全都自动存储在服务器上。

山中：确实。明明没有要求，亚马逊也会跑过来说"这是给你推荐的书"。有时候挺烦人的。（笑）不过肯定是非常聪明的员工。

第四章

尖端医疗战胜一切疾病的
日子会到来吗

羽生向山中提问……

人类基因组计划

羽生：生命科学的领域真的是日新月异，变化的速度远远超越预想。iPS 细胞的发现也是这个情况。

山中：是啊。不过，说到"消灭癌症"，我学医的时候，许多研究者都认为"到二〇〇〇年，人类将会彻底攻克癌症"。我从医学部毕业是在一九八七年，已经是三十年前了。但是现在还没有攻克癌症。当然，和三十年前相比，治疗技术有了长足的进步，但很多时候还是无法治愈癌症。像这样子进展比预想缓慢的领域还有很多。

羽生：进展的快和慢，是不是很大程度上取决于对研究投入多少力量呢？

山中：也有这个原因。但最大的原因，我想是"有没有重大突破"。iPS 细胞的发现也是这样。生命科学的所有领域，要说这十年二十年来的最大发现，必然是基因解析技术。

基因是细胞中用 DNA 书写的遗传信息，也就是生物的设计图纸。科学是在预测未来，但刚才的攻克癌症问题，基本上没能预测到未来。而关于基因技术，二十年前也没有人预见到会是今天这样的盛况。

羽生：远远超出预想的发展速度。

山中：是的。一九九五年前后，我从美国加州的格拉德斯通研究所回日本，那时候自己也还在做实验。

当时为了做基因解析，我从自己制作电泳设备分离 DNA 开始，凝固了一个晚上的胶体，把 DNA 样品注入进去，再花好几个小时做电泳，然后读取 ATGC（腺嘌呤、胸腺嘧啶、鸟嘌呤、胞嘧啶）四个字母组成的 DNA 序列。一次实验最多五百对碱基，也就是五百个字母左右，然后十到二十个样本，全部加在一起也就是读取最多一万个字母的程度。

羽生：二十年前真的很费工夫啊。

山中：一次只能读一万字，当然很费工夫。在美国成功将人类送上月球的"阿波罗计划"之后，新挑战的巨型项目，就是一九九○年初开始的"人类基因组计划"。以美国为中心，英国以及其他各国的研究者齐心协力，彻底解析一个人三十亿个碱基的人类基因。非常庞大的计划。日本也做了少许贡献。用了十多年的时间和上千亿的资金，终于解析出了一个人的全基因组密码。虽然中间有很多波折，不过计划还是在二○○三年完成了。然后随着计算机技术的加速发展，革新的基因解析技术不断问世。

羽生：结果，计算机的处理速度提升很快吗？

山中：处理速度也是必要的，不过基因读取速度本身也出现了超越想象的变化。基因组计划用了十年，而现在一天就能完成。费用也不断下降，大约两年前，还需要十天加上几千万的经费，现在几百万就行了。二○○○年的时候，我想基本上没有人预见到这样的戏剧性变化。

羽生：那么，全人类的基因解析，也不是梦了？

山中：这也是日新月异的。稍微拉长一些时间跨度来看，基因解析中的这一变化，可以说是摧毁了原本生命科学领域的思维方式，进入了完全不同的阶段。

垃圾中隐藏着重要的讯息

羽生：越来越多的人的基因被解析出来，具体来说有什么益处呢？

山中：至今为止，对于同样的疾病，给予同样的药物，对有些人有效，对有些人无效。另外还有些人，不但无效，还会发生副作用。当然我们知道，既然是人，肯定会有个体差异。然而事实是，我们无法预测这些差异。除非实际发生，否则我们无从知道。

但是，随着人类基因组的解析，便有可能从基因序列的细微个体差异关联到体质的差异。人们期待的是，当我们可以读取每个人的"设计图"的时候，也许就有可能从基因信息预测每个人容易患上的疾病，以及哪些药物有效。这就是所谓的"定制医疗""精密医疗"。

实际上，目前正在推进的"东北医疗基因库计划"，就是在东日本大地震后，解析东北地方数万人的基因组，将医疗信息和基因信息组合起来，构建巨型基因库。不过，虽然获得了人类基因组的三十亿对碱基对的信息量，但问题在于我们根本不明白其中的含义。现状是，我们轻松拿到了一册百科全书，但上面的文字几乎都不认识，随便翻开一页，都完全不知道写了什么。

羽生：那些文字，也就是碱基序列的意义，无法解读出来？

山中：是的。看起来都是乱七八糟的多余序列，所以又叫"垃圾 DNA""垃圾基因"。垃圾 DNA 很有趣。人类基因组的"草稿版"完成的二〇〇〇年，美国当时的总统克林顿和英国的首相布莱尔共同召开了新闻发布会，高调向世界宣布完成的消息。

羽生：这也是当时的重大新闻。

山中：当时，基因组的七八成，都是毫无意义的重复序列，或者是远古时代嵌进来的病毒基因，所以人们认为那些是毫无用处的"垃圾序列"。但在那之后，过了不到十年，人们逐渐发现，那些垃圾含有很多意义。

羽生：原来不是垃圾。

山中：是的，越来越发现不是垃圾。基本上，在基因组解析之前，包括我在内的研究者，都相信自己的遗传基因至少应该有十万个。等解析完成以后，发现只有两万个左右。（笑）

羽生：一下子变成五分之一了。

山中：是的。不过现在又在逐渐增加，现在差不多三万个。

羽生：有一些变化。

山中：其实现在也没确定。所以现在的情况就是，虽然完全解析了整个序列，但意义还远没弄清楚。

可否切碎遗传基因

羽生：解析序列的过程是怎样的呢？

山中：那可麻烦了。为什么三十亿的信息一个晚上就能读完？那就像是一本写了三十亿个字的巨大词典，首先要用碎纸机切碎。

羽生：上来先切碎。

山中：是的。用碎纸机切碎，变成每条平均一百字左右的片段，然后一刹那就能读取出这一百个字。于是就可以差不多同时读取几千万条片段，所以三十亿碱基对就可以一下子读出来了。不过说到底，这只是切碎的片段序列，我们并不知道每个片段位于原先的 DNA 的哪个位置。换句话说，还要搞清这些片段是按什么顺序排列的，需要把它们连接起来。

至于说怎么连接，就要靠人类基因组计划中解析出来的"国际人类基因组参考序列"这个全基因组序列的模版了。借助计算机，搞清楚这些一百个字的片段相当于模版的哪个位置，一条条贴上去。

在数据出炉之前，处理细胞或老鼠的实验是用液体试剂，所以叫作"湿实验"。一个晚上做完湿实验。接下来的就是粘贴工作，只用计算机，所以叫作"干实验"。"干实验"是展示技巧的地方，虽然是借用计算机的能力，但归根结底还是人类在贴。最终我也是自己亲眼看着去做，"这一条大概应该贴在这里"，差不多这种感觉。

　　羽生：现在也是这样？

　　山中：现在也是这样。单靠计算机去做，会有一大堆错误。计算机弄错的地方，有些一看就知道是哪里错了，有些也看不出来。所以虽然湿的部分一个晚上能做完，但要按顺序排列，实际解析成有意义的序列，还有很多路要走。

　　羽生：三十亿的碱基对序列中，有没有某种规律性或者规则性之类的东西呢？

　　山中：基本上，大家都是一样的。我和你的序列，百分之九十九点九九都是一致的，只要有了模版，贴上去就行了。不过也有过去称为垃圾序列的地方，同样的字母会贴在一起。ABC、ABC、ABC、ABC、ABC 这样的。因为同样的地方很多，如果切碎了，实际上也很难判断该贴到哪里。如果那些片段真的是垃圾，那么不去读它也没关系，但就像刚才说的，以前认为是垃圾的地方，现在逐渐也发现里面隐藏了非常重要的信息，所以如果不仔细读取出来，就会做出错误的判断。

比如说，我和你的碱基序列基本上是一致的，但也有少量不一样的地方。某个地方，你是 A，我是 G。这些差异，很多时候并没有什么意义。

羽生：并没有什么意义吗？难怪。

山中：但是，有些地方的差异，关系到身高、智力、是否容易得病，或者对药物会有什么反应等。每个人的个性，有些只用基因组这个设计图就能解释，也有一些是受到其后的环境影响。

羽生：后天的影响。

山中：后天的影响，靠读基因组是分析不出来的，但设计图只要读了基因组就能知道。目前，全世界都在努力给那些字母赋予意义。以前就算有这样的想法，也无从下手。现在总算可以读取基因组了，不过还是相当困难的工作。

饱受争议的"设计婴儿"

羽生：如果知道各种序列的差异关系到哪些特性，以前不明白的、做不到的，都会变明白、变可能吧？

山中：是的。不仅是解析基因组，自由替换基因的技术，这几年也有很大的发展。

羽生：基因编辑技术。

山中：对。很早以前就有基因编辑技术，但很困难，效率很低，而且准确性也不高。二〇一二年，开发出了新技术 CRISPR/Cas9，精度很高，又便于操作，很快就成为通用性的技术。

CRISPR/Cas9 技术的核心是发现了名为"CRISPR"的基因序列，发现者是九州大学的石野良纯教授。这项技术可以准确地编辑 DNA 的目标位置。所以，将 DNA 解析和编辑的技术组合在一起，理论上便可以按照自己的目的，更换遗传基因。

羽生：到那时候，就可以通过基因操作，诞生出符合父母期望的容貌、智力的孩子，也就是所谓的"设计婴儿"吗？

山中：理论上是可能的。不过这种做法是否正确，还面临伦理学的问题。

羽生：比如说，想要身高一米八，也可以——

山中：二〇一七年《自然》上有篇论文，报告了二十四个遗传基因，可以通过基因操作，将身高改变一厘米左右。通过"基因兴奋剂"（将特定基因注入肌肉细胞，促进制造与运动能力相关的蛋白质的方法）提高肌肉量的牛和鱼，已经问世了。在牛身上能实现，理论上说，在人身上也可以。至于这些做法是否允许，那就是人类的伦理能否追上科学技术的问题了。

羽生：另一方面，这项技术也有可能在出生前预防遗传疾病吧。

山中：是的。有些国家也开始了针对这个问题的研究。要治疗先天的疾病，需要在受精卵阶段进行基因编辑。伦理上是否可以接受，在世界范围引发了很大的争论。

二〇一五年，中国的研究团队宣布，他们采用基因编辑技术，尝试改变人类受精卵的遗传基因。中国的研究没有将做了基因改变的胚胎移植到女性的子宫，但从学术期刊到大众媒体，围绕它的是是非非，还是在世界上引发了巨大的争论。美国也在有条件地推进受精卵基因编辑。

羽生：国际学会和团体，没有尝试制定有关基因编辑的框架性规则吗？

山中：各个国家的文化和历史各有不同，要制定世界统一的规则，相当困难。目前，使用受精卵的基本研究是允许做的，但从那样的受精卵培养出新的生命，还是需要禁止的——大部分研究者都是这样的态度。这个问题，在日本也有争论。

羽生：山中教授，您认为这样的研究是否应当被容许呢？

山中：很难说啊。使用生命科学的技术，尽力诞生出健康的孩子，其实也和诞生出刚才说的设计婴儿那样的"强大的孩子"差不多。

羽生：是啊。

山中：但是首先，如果不开展基础研究，也看不到技术的可能。不过话虽如此，规则还是必要的。提高透明度是大前提。谁、在哪里、基于什么目的、进行什么样的研究，这些都应该公开。如果不满足这个基础要求，不在以预防遗传疾病为目的的严格条件下谨慎推进，我想是不行的。

iPS 细胞的"订单"

羽生：我听说，如果要用自己的细胞制作 iPS 细胞，时间和资金成本都相当高。技术突破能解决这个问题吗？

山中：是啊。理想情况是彻底定制，也就是根据每个患者制作 iPS 细胞，给这位患者专人专用。但正如定制西服需要花费很长时间，从 iPS 细胞制作出移植所必需的细胞，目前来说，需要花费半年到一年时间。而且如果完全定制，也会花费巨大的费用。iPS 细胞要花费几千万。一两个人也就罢了，但我们希望能治疗成千上万的人。所以在目前阶段，用患者自身的 iPS 细胞做定制，我认为并不现实。

羽生：那样的话，就要从患者自身以外的地方制作 iPS 细胞。

山中：是的。确认质量后冷冻保存，需要的时候培养分化。这样的做法，时间和费用都能节约很多。但是，这样储存的 iPS 细胞不是患者自己的细胞，移植的时候会产生排异反应。不同的人，免疫类型不一致，就会发生排异反应。所以，要提供各种免疫类型，也就是类似订单式的想法。但 HLA（人类白细胞抗原）的免疫类型实际上有好几万种，现实情况下，很难全部提供。不过，一千个人中大约有一个，是非常合适的免疫类型"HLA 纯合子"，移植到他人身上时，不容易发生排异反应。

羽生：就像 ABO 血型中的 O 型血，可以给其他任何血型的人输血。

山中：是的。那样的人，我们称之为"超级捐献者"，找到他们，用他们的细胞制造出 iPS 细胞，储存起来。只要找到大约十位超级捐献者，制作他们的 iPS 细胞，差不多就可以覆盖一半日本人。京都大学 iPS 细胞研究所目前正在推进一项计划，找到尽量多的超级捐献者，制作 iPS 细胞，以供随时使用。

羽生：HLA 是指骨髓移植之类的时候是否合适的问题吧。

山中：是的。骨髓移植的时候，如果骨髓库中登记了和患者一致的捐献者，那是可以移植的，患者能有很高的概率获救。所以，骨髓库登记了成千上万人的大量 HLA 信息。我们在这样的骨髓库、日本红十字会、脐带血库的协助下，得以访问巨量的 HLA 信息。

羽生：从中找到了超级捐献者。

山中：是的。我们已经找到了超过十人的超级捐献者。他们原本就是"同意捐献骨髓"的志愿者，我们提出新的请求，询问他们"能否也协助 iPS 研究"，然后从表示同意的志愿者处获得血液细胞，在京都大学 iPS 细胞研究所制作成临床用的高质量 iPS 细胞加以保管，提供给外部的研究机构。细胞库的优势，就是能预先彻底检查细胞的安全性。

我原本是整形外科的医生，学生时代又练过柔道和橄榄球，所以经常和脊髓损伤打交道。经常听说橄榄球员因为比赛事故导致脊髓损伤，一生都要躺在床上。

治疗脊髓损伤的时候，要在受伤以后的一周到十天内移植神经细胞。如果等受伤以后再提取患者的细胞，时间是来不及的。所以，如果预先用超级捐献者的细胞制作 iPS 细胞，使之分化，保管在细胞库里的话，就能够迅速处理。

细胞库应该由公立机构运营

羽生：我听说，美国有很多这类保管细胞的细胞库。

山中：美国本来就有很多这样的库。我想这也是因为医保制度的差异。日本有完备的全民保险系统，国民能够平等接受治疗，但美国有的人有医保，有的人没有医保，每个人都不一样。医保也有各种种类，不同的人，医保覆盖的范围和医院也不一样。我感觉这些地方也有文化的差异。

日本期望将这类细胞库集中管理。最大的是在茨城县筑波市理化学研究所的生物资源中心。这是国家的项目。我们在京都大学 iPS 细胞研究所制作的细胞，基本上都会送去筑波。不过，如果只放在一个地方保管，遇到灾害等情况，就有可能彻底丢失，所以我们京都大学 iPS 细胞研究所也会存放一份，分散风险。

羽生：公立机构和民间机构，最好让谁来保管个人的细胞？稍微考虑长远一点，如果有一个人的 iPS 细胞或 ES 细胞，便有可能保护这个人的生命。这样想来，保存 iPS 细胞可以说相当于基本的人权了。个人认为，这种细胞的管理，由公立机构来负责，应该是比较合理的吧。

山中：我也这样认为。在日本，这样的细胞库差不多都是公立机构在运营。不仅是 iPS 细胞库，以前就有的骨髓库、脐带血库等等也是。

当然，私人库也存在，专门为特定个人服务，为他们保管细胞，预备自己得病的时候使用。但是，现在日本存在的骨髓库、脐带血库，是面向不特定多数的库。我认为，这种"日本形式"应当维持下去。

羽生：不过我想，在研究 iPS 细胞或基因信息的时候，需要给个人的隐私保护拉一条线。换句话说，制定规则很重要。京都大学 iPS 细胞研究所是怎么做的？

山中：关于这一点，我们也非常注意。因为基因信息是最核心的个人信息。京都大学 iPS 细胞研究所里面还有一幢楼，整整一层都是基因解析设备和计算机。系统在物理上独立于互联网。

羽生：防止信息外泄。

山中：是的。如果联网，服务器就有可能遭遇攻击。至于解析基因信息的房间，当然只有预先登记的人才能进，而且在里面做的事情全部都有监控。整个系统在大量放热，所以空调的电费也相当高。

只明白了其中的一成

羽生：关于个人隐私保护和安全，社会的认识还不充分。

山中：日本也有很多民营企业，比如做基因筛查的公司等，积累了大量的个人数据。检查所需的费用也越来越便宜，大家都随意去做遗传基因检查，其实就是卖掉了自己的核心个人信息。

羽生：是啊。而且卖了还给钱。

山中：美国的 IT 企业也提供保存和解析个人基因信息的服务。虽然我很想坚持性善说，但如果走错一步，后果会很严重。说实话，我有点担心。

羽生：确实是很难的问题。个人信息需要保护，但如果过度保护，也会导致竞争失败，所以不得不在某种程度上认可。

山中：谷歌也对面向个人的遗传基因解析公司"23andMe"做了很大的投资。他们是不是真的正当使用遗传基因的信息，确实有点令人担心。23andMe 能够调查个人的民族背景，知道自己的祖先是哪里人。

羽生：很多人都想知道吧。

山中：通过检查，能知道自己还有哪些亲戚。我有个朋友，母亲是日本人，父亲是白人，检查遗传基因的结果说"百分之五十的日本人"。这本来就很显然，但那个朋友也非常高兴。日本还有戴白色三角头巾的白人至上主义者的结社。某个成员调查自己的出身，结果发现曾曾祖父是黑人。所以，遗传基因检查在某种意义上关系到歧视，而另一方面也让人意识到大家都是平等的，有着各种各样的基因。

羽生：确实如此。大家都是平等的杂交后代。

山中：没错。世界上的大多数人，说到底都是和尼安德特人的杂交后代。

羽生：人类和黑猩猩，也没有多大的差异吧。

山中：人类和黑猩猩，百分之九十八的基因都是相同的。现代人类和尼安德特人的基因大概有百分之九十九点五都相同吧。

最新的基因解析结果发现，今天的人类不是从旧人类的尼安德特人进化而来的，今天的人类与尼安德特人是各自从猴子进化而来的不同系统的物种。调查基因发现，除了撒哈拉沙漠以南的人，几乎所有地区的人都混入了尼安德特人的基因，应该是在某处发生了

异种交配。遗传基因检查也会发现这样的情况。

羽生：如果基因解析按照这个趋势进行下去的话，四五十年后，人们会明白很多很多事情吧。

山中：受精卵如何发育成内脏的发育学研究也在不断发展，尽管基因解析让生命科学以惊人的速度发展，但实际上还有很多不解之处。到目前为止，我们到底明白了多少呢？大概只有一成吧。

羽生：只有这么点吗？

山中：不要说人类的发育，从一个受精卵发育成生物的机制，真的像奇迹一样。如果现在的我们只明白了其中的一成，那三十年前的研究者们应该连百分之一都不知道。不过三十年前的研究者，可能也认为自己只明白了其中的一成吧。

羽生：那，再过三十年，说不定还是认为只有一成。

山中：很有可能啊。

第五章

有哪些事情，
人类可以做到，而 AI 做不到

山中向羽生提问……

藤井聪太四段是否与众不同

山中：藤井聪太四段带动了将棋界的人气啊。

羽生：真的非常厉害。算上藤井棋士，到今天已经有五个人上初中的时候就成了职业棋手。话说回来，十几岁的时候，人人都会有些需要雕琢的地方，"这里很强，但这里有点弱"。不过藤井棋士身上完全看不到弱的地方，非常完美。创造出的连胜新纪录也是非常了不起，特别是在连胜当中，对局时越是明显不利的危险局面，越能大获全胜。这真是很厉害。

山中：他有哪里与众不同吗？

羽生：不知道啊。不知道哪里与众不同。

山中：是吗？羽生棋士都不知道，我们就更不知道了。（笑）会不会和藤井棋士利用计算机研究将棋有关系？

羽生：哎呀，别的棋士也在用，这大概不是很重要的因素吧。就算不用计算机，藤井棋士也肯定很厉害。差不多十岁的时候，他在将棋世界就已经很有名了。

首先，想成为四段，至少要理解最低限度的定式和理论。而要学会这些，需要花费相当多的时间。很多人直到二十多岁才彻底掌握。但是藤井棋士十四岁就能全部应对，这实在很让人惊讶，只能说他的天赋非常出众。

山中：虽然年轻，言谈举止却有种豁达淡泊的感觉。

羽生：不仅将棋，待人接物也很认真。前几天将棋联盟召开总会，轮到新人发言的时候，藤井棋士因为还在上学，由他的老师杉本昌隆七段代读发言："我，杉本，作为老师，代表藤井在本次大会上致辞。"惹得全场大笑。（笑）如何培育这样一位优秀的棋手，不光是藤井本人，还包括他的老师等周围许多人，今后都将为此付出很多努力。不过，打乒乓球的张本智和君也是十多岁的年纪，也许真有什么黄金时代一样的东西吧。

山中：不过，就说羽生棋士您吧，将棋界不是也一直在说"羽生之前、羽生之后""令人敬畏的一代"吗？

羽生：啊，不不不，我那时候可不能比。我成为初中生棋手的时候，还没有三段联赛。现在要在三段联赛中胜出，成为四段，本身就非常困难。在这种情况下，同时刷新将棋史上最年轻专业棋手和连胜纪录，可以说含金量超乎想象。

山中：日本也有爱因斯坦型的年轻天才哦。上次和您一起参加的孙正义先生的育英财团聚会（山中教授任财团副代表理事，羽生棋士任评议员），会上都是很厉害的孩子啊。

羽生：当时有位十四岁左右的孩子谈了两分钟的数学。主题好像是关于两百年前的数学家的研究，但是内容太专业了，我根本理解不了。虽然也有提问时间，但难度太高，谁也提不出问题。（笑）而且谈吐也不像孩子，完全是成年人的说话方式。如果不是看到本人，真会以为是大学的教授。这个世界到底会变成什么样子啊。（笑）

创造力衰退

山中：从年龄上说，年轻人的头脑绝对更灵活，想法层出不穷。按照日本的体制，不成为研究生，就不可能进行所谓的"研究"，而国外有人通过跳级，十七八岁就读研究生了。

羽生：先不说想法的丰富，反复验证、总结归纳的能力呢？

山中：这些能力确实还需要经验。不过我深有感触的是，到了五十多岁的时候，和二三十岁的时候比起来，灵感和创造力确实在下降。以前是点子一个劲往外跳，遗憾的是现在没有以前那么多了。灵感和创造力逐渐下降，形成一条抛物线。

不过，另一方面也积累了各种各样的经验，所以坏点子倒是……（笑）坏点子这个词不太好，总之是基于经验的智慧逐渐积累，此消彼长，也不知道结果算是怎么样。

可能还是职责转换吧。以前出点子是我的职责。动手能力也是最强的时候。自己做实验，自己出数据。现在这些事情逐渐交给年轻人了，我逐渐转变到制定战略、团队管理的方面。我现在五十多岁，羽生棋士你现在……

羽生：四十多岁。

山中：还年轻啊。我在你这个年纪的时候干劲十足。（笑）

羽生：教授您每年不是要跑好几回全马吗？（笑）

山中：今年也在鸭川跑了好几场，我在体育运动里只做过运动员，没做过指导和教练。不过还是做运动员快乐。就算我这样的人，只要拼命跑下去，就能随着时间慢慢变强。跑步很累，但只要努力，不依靠他人也可以提升成绩。实验也是这样。只要自己拼命去做实验，总能获得某种程度的成果。

不过现在必须让别人去做。而且一个人也不行，需要很多人一起做。这是真的很难。

羽生：只靠自己拼命去做……

山中：如果其他人都不加入，那也没有意义。所以如何影响他人，这一点很难。按照年龄关系来说，羽生棋士您从十多岁开始一直就在顶点领跑，今后，到了五六十岁，战术是不是也会逐渐改变？

羽生：确实在改变。您刚才描述的感觉，在将棋世界里也差不多。在将棋的世界里，真正孕育出最尖端的技术、引导流行的，其实基本上都在十五岁到二十五岁之间，按段位来说，都是三段、四段，刚刚成为或即将成为专业棋手的那些名不见经传的年轻人。

不过，也可以说是良莠不齐吧，那些想法不见得全都是好点子。十个想法当中，有一两个好点子，就会产生突破性的发展。

第六感、读棋和大局观

山中：说到将棋世界的突破，我们可想不出是什么情况。虽然知道藤井四段很厉害，但到底怎么厉害……（笑）下将棋的时候，棋士的头脑里发生了什么呢？

羽生：下棋的时候，棋士最初是使用"第六感"。将棋的一个局面下平均有八十个可能的位置，棋士要根据以往的经验，基于第六感，找到感觉是急所、要点的两三手。

山中：八十个位置吗？

羽生：是的。说是第六感，倒也不是瞎蒙，而是将经验和学习的集大成瞬间表示出来的东西。所以，如果用理论来支撑第六感，错误就会比较少，不过反过来如果理论有误，也有可能无法得出正确的结论。

"第六感"之后是"读棋"，就是模拟未来。这里如果仅靠逻辑推测，很快就会遭遇数量爆炸的可能性。即使一步棋读三种可能，十步以后等于有三的十次方，也就是近六万种可能性。尽管最初的第六感舍弃了绝大多数的选项，十步以后也还有这么多的可能性，所以肯定推算不下去。

实战中，十步以后基本上是无法预测的。即使计算到十步以后，大部分情况下局面也会发展到出乎自己预想的地方，所以开始要重新思考。实战对局中，很多时候都是不停在黑暗中摸索。反过来说，棋局越是按照自己的预想发展，越是要小心，因为对方也是这么预想的。

山中：啊，没错。

羽生：第三是"大局观"。不是"跳马""将军"这样的具体步骤，而是概括从最初到现在的整个过程，思考接下来的战略。

所谓读棋，基本上是踏踏实实积累理论的工作，而大局观则是感性之类的东西。比如说，如果大局观是"目前要贯彻防守方针"，那么就可以集中于防守的选项，节省无用的思考。

战法随年龄而变

山中：第六感、读棋和大局观，用这三种方法思考。棋士的年龄不同，这三者的比重、比例，会变化吗？

羽生：会的。在记忆力、计算力和爆发力都强大的十几岁到二十五岁之间，以读棋为主。随着年龄增长，过了三十岁，在经验值的积累中，逐渐倾向于重视第六感和大局观这样的感觉性的东西。

这说不上好和坏。用登山来比喻，相当于是从北面登山还是从南面登山的区别。遗憾的是，很少能双方同时提升，感觉常常是一方提升，另一方衰退。结果，每个时期有每个时期的特点，各自所占的比例都会不同。

年轻的时候没经验，什么也没有，所以只能读棋，从逻辑上考虑局面。随着年龄增长，逐渐有了"如何不读棋"的大局观。省去了无用的读棋，迅速判断出"这里应该攻还是守""是打长期战还是闪电战"之类的方针。这样一来，便能应对未知的局面，和年轻的棋士分庭抗礼。

大局观的精度随着年龄而提升，能够一眼判断出当下该下在哪里，那就很开心了。不过，如果忽视了读棋，疏于极细微的官子，最终决断时的精度也会降低。

山中：很有意思啊。就像是人生观直接反映到战斗风格中。

羽生：实际上，随着年龄增长，很多时候都是在疏忽中落败。技术力量并没有衰退，但时不时会有空白的时间。一步棋走完，才发现走错了。但是，在面对困难的时候，要说摆脱困境的方法，肯定会比年轻时候想到的多得多。所以，到了一定的时候，就很难说

到底是在进步还是在退步了。

不过看胜率的话，通常二十多岁是高峰，三十岁、四十岁，年纪越大，越会下降。虽然没有体育世界那么极端，但还是很多人认为年轻的时候状态最好。大体上年纪越轻越有利，不过二十岁的时候有二十岁的强项，三十岁的时候有三十岁的强项，四十有四十的强项。我想只有找到各个年纪的强项，尽量发挥吧。

"如何舍弃"比"如何获得"更重要

山中：那样的话，与年轻一辈对局的时候，果然还是某种感觉会不同吧？

羽生：是啊。对局的时候，会感觉到强烈的反差。就像是和年轻人日常交谈的时候，虽然知道话语的意思，但就是有某种感触的差异，像是有种违和感。那就体现在一步步的将棋中。有时候会遇到自己根本没有想到的棋，从没有想过的棋，那就是很难应对的情况。为什么他们就能想到呢？我觉得，后辈的强项，可能就在于"博采众长"。

山中：哦，博采众长吗？

羽生：也就是说，单论知识量，自然是年纪越大的人越多，但年轻人并没有"这样不行""这个不能用"之类的先入为主的观念，可以干脆地舍弃一些东西，然后就能得到新的想法。在将棋的世界，"如何舍弃""如何忘记"，要比"如何获得"更加重要。比如说，一般人很难舍弃自己花费很长时间学习的东西，但因为时代变化剧烈，十五年前研究的定式，现在已经完全没用了。那么如果不去斩钉截铁舍弃它，就难以跟上时代。在这个意义上，我觉得"舍弃成见"非常重要。

山中：那可是相当困难啊。（笑）

羽生：这也是说，要提高将棋水平，最重要的是什么？去背各种各样的手筋[1]当然也需要，但最重要的是"明白什么是俗手[2]"。能否在瞬间发现俗手，也就是绝不能下的棋，这非常非常重要。因为读棋再多，其中只要有一步俗手，那么一切都没有意义了。如果能够瞬间排除俗手，就可以高效读棋。

山中：换句话说，很多下法可以不用考虑。那么 AI 是按总分来做的吗？

1　棋类术语。指局部对弈中，发挥棋子最佳效率的技巧。

2　棋类术语。指无特殊创意的下法。

羽生：不，有一定的浮动。我估计目前的将棋软件一秒钟可以读取五百万的局面。但我看将棋软件的局面，如果是以万为单位的话，恐怕无法做出正确的判断。至少一个局面不读取上亿，就无法做出正确的评价。

山中：一手就上亿吗？

羽生：是的。因为每一手都有很多很多的分支，不读至少上亿的局面，就无法得到正确的答案。所以，最近我真的意识到将棋是很难的游戏。（笑）

如果百年前的棋士和现代棋士对弈

山中：将棋和围棋都具有很长的历史啊。

羽生：将棋规则成型有四百年了。

山中：奇妙的是，这四百年间，基本上棋子的种类和规则都没有变化。国际象棋也是这样。

羽生：确实没有变化。

山中：感觉是不是稍微改变一点，可能也不错？

羽生：有很多将棋，过去出现过，后来消亡了。规则也是变来变去，最终稳定成现在这个大家公认的规则。将来可能会出现改变的必要，不过目前来说不改也没问题。

山中：我喜欢把什么都和体育运动相比，很多体育运动的规则不断发生变化。我学生时代打的橄榄球，就改变了很多。

羽生：橄榄球打哪个位置？

山中：锁球（前锋第二列）。

羽生：相当难的位置啊。

山中：我都能打锁球位，显然不是大球队。（笑）不过马拉松、短距离赛跑等等运动，规则基本上没有变化。但是和百年前相比，纪录成绩毫无疑问在提高。虽然不能简单比较，不过将棋和围棋是什么情况？四百年前的棋士、一百年前的棋士、现代的棋士，如果各个时代的顶尖棋士汇聚一堂比赛，是不是时代越近，棋士就越强？

羽生：论知识之力，今天确实在提高。所以，假如一百年前的棋士来到现代下棋，首先在知识上处于劣势。不过，一百年前的棋士在一定期间内，比如三年、五年间，只要适应了现代的将棋，大概实力不会削减。将棋需要的是知识以及未知局面下的应对力。这种应对力，江户时代的棋士和现代的棋士并没有什么差别。虽然知识量天差地别，但重要的是四百年历史中最近的五十年。学过半个世纪的棋谱，基本就能跟上了。

山中：江户时代开始就流传下将棋的对局记录了吗？

羽生：很古老的记录。家元制度建立的四百年前，最早的将棋名人和围棋本因坊的对局。

山中：将棋的名人和围棋的本因坊下了什么棋？

羽生：将棋。一开始是围棋的本因坊胜了。

山中：哎——相当有意思啊。

羽生：毕竟是四百年前。总之棋谱流传下来了。

山中：是吗？对了，《每日新闻》上还登过我和井山裕太本因坊的棋谱。（笑）

羽生：这样的吗？那可真厉害。（笑）

山中：中途认输了。其实应该下到最后的。

解答问题，终有局限

羽生：将棋本来有家元制度。在江户时代，只有一部分人能下棋，所以是个封闭的世界。名人也是世袭的。大正时代以后，成立了将棋联盟，将棋变成了只要实力强，谁都可以加入的世界，接着

107

技术越来越发展，变成了今天这样的状况，实在让人感觉很不可思议。

将棋世界拥有非常古老的传统。然而放到三十年前会被逐出师门的下法，却已经在今天的将棋世界成为了主流。所以需要在那么短的时间内改变战略。

山中：这样一来，将棋的学习方法也和过去有了极大的变化吧。

羽生：是啊。互联网出现以后，年轻人都在网上练习了。今后的主流恐怕是使用软件做研究吧。

山中：这是肯定的。

羽生：不过那时候也会产生新的问题，比如有问题、有答案，那么只看问题和答案，人类的能力是不是就能提高呢？换句话说，如果没有老师和教练指导自己，"这里应该这样考虑""除了这种方法，还有这样的方法"，而无处学习这些思考方法的诀窍，人类也可能无法很好地理解。在其他的领域，不也有这样的情况吗？

山中：确实如此。我上小学的时候，稍微学过几天将棋，就有过这样的经验。我因为下不过妈妈，于是找来入门书籍，认真学习。可是，书上虽然写了下法，但并没有写为什么那么下。书上给的理由是"这是定式"。但是，另外有本书上写了每一手的意义，以及下这一手的理由，我这才信服。

羽生：作为工具来说，互联网非常强大，我想今后人们也会一直利用它。但年轻人能够如何有效、有意义地利用互联网，恐怕也是一种历史性实验。

导向重大发现的"感觉"

山中：我原本是临床医生，现在在做研究，研究中也在用到 AI。很多时候我都感觉自己做要比 AI 做得更准确，但我也在认真考虑，我们现在做的事情，将来会不会被 AI 全部替换掉。iPS 建立的过程中，我们做的事情，有多少是 AI 也能做的？

羽生：大概不管什么领域，都会面对同样的问题。

山中：成功制作 iPS 细胞的过程中，我们从二十四个基因中找到初始化细胞所必需的四个基因的组合，说起来秘诀在于"感觉"。虽然什么都不知道，但会有一种感觉，"这个基因很可疑""这个基因绝对要试一试"。问题在于，我们称之为"感觉"的东西，AI 是不是能再现。

刚才请教过下将棋时候的第六感、读棋、大局观等过程，羽生棋士在平时下将棋的时候，多大程度上依靠直觉下棋呢？

羽生：哎呀，基本都是靠直觉。（笑）就算想读棋，一下子就会变成几千手几万手棋，所以读棋完全不现实。绝大多数局面，我都是依靠直觉缩小范围，只考虑第二第三手棋。所以从整体看来，真的只是一个很小的碎片。

但这里重要的是，直觉的判断能达到多高的精度。另外，由于必然会发生预想外的情况，所以当发生预想外情况的时候，又能如何顺利应对。

山中：果然还是靠直觉。我也一直在想，直觉到底是什么。我想有纯粹的直觉，就像抽签那种。而羽生棋士在下棋时的直觉，和我们在研究中感觉一定要试试这个基因的直觉，恐怕都不是那种纯粹的直觉，而是基于过去的经验，产生的某种难以明言的判断。但那是什么，我也没办法用语言描述。

"空白的时间"催生出灵感

羽生：脑科学家池谷裕二教授，将能够描述的与比赛相关的直觉称为"灵感"，将无法描述的与比赛相关的直觉称为"第六感"。换句话说，能语言化和不能语言化，用到的大脑部位不同。但是从

使用一方来说，在用大脑的哪个部分，好像也没太大关系。（笑）

山中：这倒也是。

羽生：有一种理论认为，生物在寒武纪获得了眼睛的功能，于是实现了爆发式的进化。眼睛扩展了行动范围，智能也随之提升。根据研究人工智能的东京大学松尾丰教授的推测，随着 AI 图像识别技术的飞速发展，可以处理视觉信息之后，它的可能性也将迅猛拓展。

有趣的是，生物为了进化出眼睛，其他器官反而会变迟钝。所以，所谓直觉，也许是将这个进化过程中迟钝化的机能，再一次激活。

创意、想法、灵感的获得，既有历经了千锤百炼终于想出来的情况，也有稍微留一点空白，也就是从深思熟虑中抽离出来之后，在隐约中突然想到的情况，就像是沉睡的东西突然苏醒过来一样。那也许就是钝化的机能突然活性化的瞬间。

这就像是说，为了获得灵感，不仅要有输入，还需要有时间整理，清理掉不需要的东西。

山中：这么说来，我虽然不是阿基米德，也在澡盆里产生过灵感。那是我在加州的格拉德斯通研究所研究癌症小鼠的时候。某个基因为什么引发癌症，我一直没想出好的解释，然后有一天我去洗澡，

突然产生了一个美妙的想法。我一边冲澡一边大喊："太妙了！"把我妻子吓了一跳。（笑）

跑步的时候，我的大脑也是一片空白。但是跑步的时候只会觉得很累，并不会浮现出美妙的点子。（笑）跑完步的冲澡才是机会！

AI 能作巴赫的曲，但写不出村上春树的小说

山中：AI 是不是真的能代替人类做各种工作，我认为，重点在于，我们称之为直觉的东西，我们能在多大程度上探明它的本质，AI 又能在多大程度上实现同样的功能。

羽生：是啊。类似直觉的东西，即使对于我们人类而言，也很难说清楚为什么那么想，或者到底从哪里产生那种想法的，所以对 AI 来说更是难题。

山中：因为没办法写这样的程序。

羽生：是的。AI 擅长的是"优化"，也就是从组合中找出最合适的答案。所以，没有像人类那样的所谓审美能力。换句话说，让 AI 学会像人类看到自然风景时感觉到"真美""真漂亮"的审美意识和感性，我觉得是相当困难的。

AI 开发有各种领域，有的发展很快，有的基本没有进展。而这些，与它们能否进行数学处理密切相关。比如，巴赫风格的乐曲，可以做数学式的解析，因此 AI 也能创作出来。

在文学领域，AI 也能写结构明确的超短篇小说。实际上，二〇一六年三月，AI 写的故事通过了"星新一奖"的初选。那么 AI 能不能写出村上春树式的小说呢？目前这个阶段还不行。

山中：体育记录、决算报告等固定格式的文章撰写，好像已经引入了 AI。但是，要在其中加入基于感情和感觉的表现，那就很难了。

羽生：语言的难度很高。我们说 AI 可以处理自然语言，但 AI 是怎么做的呢？说到底，也是用数学式的处理来处理语言。AI 会建立坐标轴空间，比如说葡萄酒在这里、玻璃杯在那里，这些都基于数据进行计算，从这些距离关系中总结出文章的关联性。单纯进行数学式的处理，与理解人类的文章，是完全不同的。

国立信息学研究所的新井纪子教授推动的"东罗伯"（二〇一一年启动的"机器人能否考入东京大学"人工智能项目），也在二〇一六年十一月放弃了考东大。

正因为无知才去挑战

山中：另一方面，语音识别能力已经非常厉害了。

羽生：啊，是啊。

山中：有很多"沃森"（IBM 开发的问答系统）那样的系统。另外像"Siri"（iPhone 搭载的具有秘书功能的软件），可以用英语提问。以前如果发音很糟糕，它就听不懂，现在就算发音有点问题，也能听懂了。"这家伙发音不行，不过肯定是想说这个。"大概就像这么体贴。其实我一开始还以为自己发音变准了。（笑）

羽生：实际上是计算机的处理能力提高了。

山中：是的。以前如果没有努力把"R"和"L"的差异发出来，Siri 就很难理解，但是现在就算日本人的英语也能理解。

羽生：也有用相机拍下文字并全文翻译的技术。

山中：啊，那个很厉害。东京奥运会，外国人来的时候，志愿者也不至于太头疼了。哪国外语都能交流。

羽生：但是，有了这么方便的技术，反过来有可能降低学习的动力。反正用软件就行，干吗要辛辛苦苦背单词学习呢？

山中：是有这种可能。我在二〇〇〇年开始研究 iPS 细胞，如果那时候有 AI 调查全世界的文献，给我提建议的话，会怎么样呢？

"山中教授，这项研究成功的可能性为百分之零点一，失败的风险是百分之九十九点九。最好不要研究。"（笑）

AI 很可能给出这种建议。而且它说的这么有道理，大概我也会想："是该放弃吧。"所谓无知者无畏，如果没有了无知的挑战，也不是好事啊。

羽生：我觉得，通过 AI 获得的知识越多，对人的行为和选择会越产生极大的实质性影响。年轻人在决定自己的毕业方向或者求职方向的时候，本来想好了"就走这条路"，结果到网上一搜，发现"这里薪水低，事情多""那边的工作环境非常差""老板脾气超级坏"等，于是哪儿都不想去了。人类啊，必须有着踏入未知之地的勇气，正因为看不到失败的风险，才能去挑战。

虽然不知道为什么，总之这个感觉不错

山中：结婚的时候也是，如果把对方的信息都告诉自己，说"结婚的成功率是百分之五十"，反而不知道该怎么判断了。所以还是要有某种直觉吧。虽然明知道成功率不高，但就是感觉好像能行。

羽生：基本上，如果由 AI 来做，最终只是提高概率上的精确度。因为它并不是找到正确的答案，而是通过不断重复，每次都比前次稍微好一点。

山中："这是命运的相遇，所以有些地方就忍一忍吧"。正因为有这样的想法，交往才能顺利进展下去。如果这时候 AI 跳出来分析说："不，这绝不是命运的相遇！"那可能就结束了。

羽生：以前看电视上介绍，Facebook 上面可以记录自己的喜好等信息。电视上说，有些人就通过那些信息来寻找对象，"这个人最合适，所以选了他"。但是我认为，这种选择非常鲁莽。肯定有某些地方存在着单靠信息无法解决的问题。

山中：治疗过程也是一样。比如某种疾病，虽然知道一般来说这样治疗最好，但就是感觉当前这个患者的情况最好是换一种做法——为什么做出这样的判断呢？连自己也无法解释，但很多时候确实相当准确。

如果说这种医生的第六感或者直觉一样的东西，实际上是基于一切信息，在潜意识中做的判断，那么说不定 AI 也能进行同样的判断。不过能让 AI 做到吗？

羽生：人们经常会说"隐性知识"这个词。也就是说，医生、工程师，自己能解决问题，但自己到底是怎么把问题解决的，自己也无法解释，也不知道为什么这样做。这种情况相当多。这些都属于隐性知识的问题，很难说 AI 能不能处理。因为最终是要编写出程序才行。我感觉，这将是今后一个非常大的主题。

山中：如果我们人类的决定、决心，都能用数据化的信息做出判断，那好像也很没意思。（笑）我希望还是能有无法解释的成分。

第六章

新创意是从哪里
诞生的

羽生向山中提问……

产生独创性的三种模式

羽生：我一直在下棋，有一些从经验中得到的知识。当我下出前无古人的一手，形势对自己极为有利的时候，会将这一手称为"新手"。但很多时候，我以为自己"想到了很妙的新手"，其实其他人也已经想到了。

山中教授，您以非常新颖的想法和创意推动了研究。那么，要想做出和他人不同的创意，您认为什么比较重要呢?

山中：艺术家也有这样的情况，研究者尤其不能和别人做同样的事。每个人都会说，这样太无聊了。但是，如何与其他人做的不同，这是很难的。我也经常遇到您刚才说的那种情况。每次我觉得"想到了一个了不起的点子"，基本上其他人都已经想到了。

特别是今天，互联网让每个人都能共享信息。互联网普及前，没有信息共享，所以有些人基于自己对信息的控制特权，会产生出只有他才能想到的想法，但是今天基本上不会再有这种情况。比如说发表论文，在期刊面世前，论文内容已经通过在线方式共享给世界了。发展到现在这个情况，已经基本上不可能和他人区别开来了。

羽生：在这样的情况中，独特的创意、想法，是怎样产生的呢？

山中：我一直在说，要想做出和其他人不同的事，只有三种模式。

第一种模式，就是像爱因斯坦那样，本来就是天才，天生就能想到旁人怎么也想不到的事情，这就是王道。但遗憾的是，我自己从来没有那样的体验，也几乎没遇到过那样的天才。这是我们凡人无缘的模式。

第二种模式，是旁人在想，而自己也想到了。在生命科学中，我们通过实验来验证自己想到的假说：做实验，得到预想的结果，这当然也很开心。但有时候做实验并不会得到预想的结果，而是完全没有想到的结果。

这种情况就是机会。我们再怎么冥思苦想，也很难想出和其他人不同的独特想法。但自然还有无数的未知，当我们通过实验这种手段去叩问自然的时候，就可能出现超乎预料的反应。这就相当于是自然给我们做出的提示。所以，当实验中出现未曾预想的情况时，是不是能抓住它，这是做出与旁人不同成果的第二个机会。

羽生：当出现自己未曾预想的结果或者事情的时候，要对此产生怀疑，并以自己的方式探究原因。

山中：是的。得到的结果违背期待的时候，是失望地放弃，还是高兴地说"这个很有趣"？这一点很重要。

第三种模式，自己和别人都认为"这个做出来会很了不起"，但是别人认为，"大概做不出来"，于是放弃了不去做，但唯有自己勇敢站出来挑战。我认为，只有这三种模式，才能做出与其他人不同的研究。我知道自己做不了第一种，所以努力于第二种和第三种。

羽生：原来如此。

尝试做没人去做的实验

山中：第二种最重要。如果以第二种模式为目标，那么首先必须要真正动手去做实验。不要认为"这个实验太蠢了"，而要动手做一做，这一点很重要。做实验的时候，如果发生了预想之外的奇怪情况，也要感到很高兴。

　　我在读研究生的时候，导师为了验证自己提出的假说，给了我一个有关血压的实验做课题。那是我的第一次实验，十分兴奋，但出乎预料的是，实验结果与假说完全不同。

　　我兴奋地冲进导师的房间，大叫："老师，不好了！老师的假说是错的，但是结果很不得了！"那一刹那，我感觉到自己适合做研究。（笑）

　　那个时候，老师也很兴奋，赞同我说："那可真不得了！"按道理说，自己的假说不成立，应该感到失望吧。可以说导师的那种态度，也让我感到研究世界充满魅力。

　　羽生：那是您作为研究者的原初体验啊。

　　山中：没错。不过说到 iPS 细胞，实际上是用第三种模式发现的。二〇〇〇年左右，我第一次拥有自己的研究室，那时候我想："难得有了自己的研究室，做点和别人不一样的事情吧。"

　　当时，美国已经研发出了 ES 细胞。研究的主流是让 ES 细胞分化成各种细胞。全世界的研究室都在竞争，研究能让 ES 细胞产生什么样的细胞。

　　可是我没办法加入那样的竞争。因为我一没人二没钱，毫无胜算。而且 ES 细胞虽然是可分化成任何细胞的梦幻细胞，但因为必须使用受精卵，所以面临很严重的伦理问题。

既然如此，不用受精卵，让成人的细胞返回到分化前的初始状态加以使用，不是更好吗？大家都这么想。但是想虽然想，可都觉得"大概不可能"，所以没人去做。而我们则是一头闯进去了，"做做看吧"。

只有研究 iPS 细胞采用了第三种模式。我之前的研究全都是第二种模式。做实验得到的结果，和老板的预期、老板告诉我的结果完全不同。不管老板高兴还是失望，反正我都是异常兴奋："太好了！"——有过好几次这样的经验。

"无知"的强大

羽生：其他人不去的地方，您会一头闯进去，"做做看吧"，这是为什么呢？

山中：说来话长。前面说过，我本来是整形外科医生。学生时代就想做整形外科医生，特别想成为专业的运动医生，帮助受伤的运动员康复。所以学生时代，唯有整形的课程，我都坐在最前面听。（笑）其他课就偏科了，经常去打橄榄球，不去听课。

124

实际上，虽然做了整形外科医生，但人生并不像想象的那么顺利。本来在整形外科的患者中，运动员并没有那么多。虽然人数也不少，但在运动损伤中，还有很多无法治愈的疾病，比如脊髓损伤等。所以我开始感觉到，这和我想象的世界有点不同。于是后来还是转去做了研究。但开始研究以后，让我很愕然的是，由于整个学生时代都在偷懒，所以我连基础知识都不知道，连最基本的术语都不知道。比如基因领域有"外显子""内含子"。在一个基因序列中，外显子是制造蛋白质的部分，内含子是被剪切掉的部分。这种事情大概连初中生、高中生都知道，但是我刚读研究生的时候，看到就两个词就很奇怪，这是什么玩意儿啊？不要说见过，听都没听过。我就从这样的状态起步，一直持续到今天。

羽生：这样啊。（笑）

山中：现在我不知道的依然还有很多很多。当然现在比以前少了，以前我要给学生上课，特别是在转到京都大学前，我在奈良尖端科学技术大学院大学教书，那里的学生教育非常扎实。我第一次拥有自己的研究室，也是在那所大学。我在研究生院，从四月开始，教了半年左右的书。当时按顺序讲一本厚厚的教科书。但是我一边教，一边发现了很多我自己都不知道的东西，这怎么教？真是头疼啊。

125

（笑）学生学习都很刻苦，比我懂得都多。我一边流着冷汗，一边想"千万不能露馅"。

不过在某种意义上，正由于无知，也就无所畏惧地去做了。iPS细胞的研究也是这样的情况。如果有了知识，我想我可能就不敢做了。正因为不知道，所以才会想，"那么就做做看吧"。

成功经验变成绊脚石

羽生：我也感觉自己的年纪越来越大了。当然，确实积累了很多经验，知道的事情也越来越多。但是随着判断材料的增加，不知不觉间，很多时候就会在潜意识中记住差不多可行的方法、大概能行的方法、风险很小的方法等等。大概就是小聪明越来越多，大胆的、挑战性的事情越来越少。所以很多时候也在反省。

山中：知识当然是必要的，但有时也会碍事。知识太多，就会害怕。"这不可能成功，肯定会失败。"一旦产生这样的想法，那就真的不行了。

羽生：确实，有很多案例，都是知识和经验阻碍了新的想法。所以我一般不会直接应用经验，而是花一番工夫，把它变成能在实战中具体运用的东西。比如说，在对局中经历的某种局面，把它用于类似局面的判断，或者提取出思考方法再加以应用。

山中：是该这样。

羽生：今天的世界充斥着巨量的信息。为了和他人做的有所区别，首先需要知道他人在做什么。当然，预先搜集他人的信息加以研究，也是非常重要的。但如果在这些事情上花费太多的时间和精力，那么对于更为重要的创造性工作来说，能花费的时间就会变少。头脑里塞了太多的信息，就会产生先入为主或者固定观念，这样就很难再想到原本没有的东西，更不用说会破坏既有概念的东西。所以很多时候我都会觉得，这样子是不行的。

舒适的环境很危险

山中：塞满知识的状态，其实是很舒心的。我觉得，可以说当今教育一线都是这样。

现在亚洲各地可能都是如此，而日本更是有考试这种关卡。进幼儿园的时候，上小学的时候，初中入学考试，中考，高考。从小的训练就是，不管什么问题，都要写出正确答案。课本上写的，老师说的，都是绝对正确的，按照那些回答就得分，不按照回答就扣分。而分数达不到要求，就上不了心仪的大学。学生接受的都是这样的训练。

所以大部分孩子都没有失败的经历，全都按照课本上写的标准答案回答，就能考上理想的学校。环境就是这样。结果，那些孩子一头闯进研究的世界，就算别人告诉他，"不要相信课本上写的，也不要相信老师说的"，或者对他说，"实验结果与预期不符的时候，才是难得的机遇"，他也很难接受。

羽生：思维方式已经固化了。

山中：我在日本和美国都做过研究，美国的孩子明显更加自由随性。上了大学以后，当然要拼命努力学习。但是在上大学以前，相当多的孩子都疯狂运动。从研究者的观点来看这样的行为，感觉美国要比日本更有潜力。

羽生：所谓潜力，是说在遭遇意外情况的时候，或者经历无法回答的局面时，美国孩子的机会更多？

山中：是的。对孩子来说，日本是个很舒适的地方。只要按照父母和学校老师说的"照这样子做"，就会成为大人眼中的"好孩子"。从某种意义上说，日本很容易生活。但反过来说，如果破坏这个规矩，就会觉得很痛苦，很难生存下去。

而且近年来有种倾向，成年人会避免叱骂孩子。和以往相比，现在的父母基本上不会骂孩子。学校里更没有老师会骂。就算和学生说话，一不小心也会被投诉说骚扰、霸凌等等。我不是推崇骂孩子的行为，但如果永远都没有人去否定孩子们自己的思维方式、行为方式，他们就不会尝试不同的思维方式，进而也就失去了踏入新世界的机会。

否定课本

山中：说一个我自己的经验吧。现在一般的家用车也都具有自动追随前方车辆速度的功能了。这个功能出现以后，我立刻就用上了。（笑）

到了高速收费站 ETC 通道的时候，前方车辆的速度降到时速二十公里左右，于是我的车也跟着自动减速。虽然减速了，可是比平时我自己控制的速度慢了一步。如果是我自己，会再提前一点减速。但是它那个功能就不会。然后我要是继续等下去，它会稍微晚一点减速，但这已经把我吓得够呛了，让我很不舒服。

其实这就是因为我习惯了自己的行动模式，如果稍微有一点不同，那么就算大脑知道很安全，身体也会感到很难受。因为如果汽车不停下来的话，会出大问题。虽然应该都会停吧。（笑）

　　所谓研究，就是否定今天的课本。因为要做和别人不一样的事，发现新的东西，归根结底就是要否定课本。不过，我也不是推崇否定课本。本来我对课本也不太了解。（笑）

　　羽生：不不不，您又谦虚了。（笑）

　　山中：我不是否定课本，而是认为，在充分理解课本的基础上加以否定，这才是应有的做法。从结果上说，很多时候要到后来才知道，"啊，这个和以前课本上写的不一样啊。"

　　羽生：确实如此。比如有人曾经问过我："能否给年轻人一点建议？"每次被问到这个问题的时候，我都常常回答说："去做以前自己没做过的事情，去经历没有经历过的事情，将自己放在那些指南针不再有效的情况下，我想这是很重要的。"

　　刚才您提到的汽车也是这种情况。现在不管去哪里，只要有汽车导航，或者开了手机地图，立刻就知道自己在什么地方。手边随时放着地图和指南针，某种意义上就是舒心的状态。

　　但如果不是这样呢？如果将自己放在一种以前的知识和经验都

130

没有作用的状况下，哪怕不至于说是一片混沌的状态，我想也有可能产生新的想法或者创意。

由量变到质变

山中：下将棋的时候，也有这样的情况吗？

羽生：有啊。将棋中有时候可以明确回答"就应该这样"，也有时候无法回答。遭遇未知的局面时，自己的指南针失效的时候，是不是能够迅速应对，正是拷问自己真实水平的时候。

即使在日常生活中，我也努力避免陷入同样的循环或思维方式。举个身边的例子，去将棋会馆，或者去羽田机场的时候，我都会有意识地走新的路线，把自己放到新的地方。

不过，这里也需要注意一个问题，年轻人听到说"过去的知识和经历失效的状况"，马上就意气风发，提出"我现在就去叙利亚战场""去受灾地区救灾"，那也是过激了。

所以，这里必须强调一句，知识和经验失效的状况，通常都会伴随风险，所以在各种意义上，一定要基于自身的判断，确保自身的安全，这是大前提。

山中：一无所知也不行。对情况和自身都要有足够的了解。

羽生：我感觉，在当前这个信息化的时代，大量数据不断涌入，所以量越多，越有力量。但我关心的是，庞大的信息"量"，不要仅仅囫囵吞枣地硬记下来，而要当作自己的营养加以吸收。也就是说，能不能在遭遇未知的局面时，将信息"量"自然转化成应对的"质"，对于未来的年轻人而言，这将是很重要的课题。

山中：过去的知识和经验当然很重要。我想，即使在将棋中，学习过去的对局也是绝对必要的过程。就连我这样的人，也读了很多研究论文。但如果只做这些事，思维就会僵化。

知识固然很重要，但到了某个阶段，也必须自己真正动手才行。否则，也许能成为一流的评论家，但成不了一流的研究者。

我做研修医生的时候，领导和我说过很多次，"不要想太多，做个实验看看"。这个教诲，我也应用在研究中。走不下去的时候，不妨先做个实验看看，说不定就能发现和以前不一样的结果，遇到某种没有预想过的情况。而这些结果和情况，有可能激发出新的想法。

我们做的工作将会改变当前课本的内容，这当然需要某种程度的学习。但是，也要将学习控制在一定程度上。研究进行到一半的时候，必须不怕失败，勇敢踏出自己的脚步，否则无法前进。时机很重要。一篇论文都不读，一上来就埋头做实验，当然是不行的。但是，不管读多少论文，完全不做实验也不行。就像常言说"绝妙的盐梅"[1]，绝妙的时机非常非常重要。

失败也是不错的尝试

羽生：做实验的时候，会有许多想法、方法和做法，选择简直可以说是无穷无尽的。但作为实验者，也说不上来为什么，总之就觉得这样做好像有可能成功，那样做好像有可能失败。这就属于极为主观和感性的判断吧。

山中：是的。

羽生：这里，实际上体现出来的就是自己的个性，或者说是风格吧。山中教授，关于您自己的个性和风格，您是怎么看的呢?

山中：我觉得，刚才说的三种模式，随便哪种都可以。如果是别人没有考虑过的新事物，那么不妨带着"失败也没关系"的感觉去做，我觉得这一点很重要。

---

1 本意是指制作料理时的调味盐和梅醋比例完美，引申为比例、火候、时机等恰到好处。

如果其他人已经在做了，那么自己做了也没多大意义。因为那样会浪费。而如果其他人没有做，那么不管什么事情，都有做的价值。当然，做了也不可能保证成功。很多时候注定会失败。但是从我的经验来说，就算失败，也有做的价值。"不错的尝试"，这样的感觉也挺好的吧？

羽生：下将棋的时候，也经常有那样的情况。尝试去下不熟悉的棋，走一些比较新奇的棋路，基本上结果都不太好，差不多每次都会失败。真的差不多都输了。（笑）但是，某种程度上，我想也必须容忍这些，因为没办法。

当然，我也并不是铁了心认为这样就好。但很多时候确实觉得，那样的失败也是必需的。就那么做，让自己不要忘记那样的感觉，我觉得确实很不错。

还有一点要说的是，在实战中进行尝试，真的可以学到东西、吸收到东西。在正式比赛中，面临读秒的时候，在复杂局面下对峙的时候，那是最能学到东西的时候。在无法等待的状况下，注意力才是最集中的，思考也会最仔细。可以说，正是在面对压力的时候，才会发挥出全部的能力。

光是大脑思考还不行，只有在实战中下过以后，才会知道，"啊，这一步是这样子的""这个想法行不通啊"。

山中：就是要自己实际动手。

羽生：不过，用今天的视角去看，和用十年后的视角去看，不同的视角，对风险的判断肯定是不同的。即使是同样的选择，风险的程度常常也会不同。所以这种时候，自己要不要承担风险，如何做出选择，和油门与刹车的关系很相似。

到了四十岁，很多时候就会基于以往的经验，不知不觉踩下刹车。所以我想，有时候有意识地去用力踩下油门，是不是刚好抵消呢？"今天我就是要承担风险，走走这一步看看。"

我不知道什么时候机会降临，那就像抽奖一样。当然，我自己肯定不想输，但这是我在了解风险的情况下做出的选择。所以归根结底在于我能承受多大的风险。从长远来看，在这种情况下是否敢于挑战，非常重要。

山中：这一点和研究是一样的。研究者必须具备不断挑战新事物的态度。正如羽生棋士您所说的，很多时候进展并不顺利。但那是理所当然的，不顺利并没有问题。不做新的挑战才有问题。

虽然不多，但好歹领着工资，能够做一些全新的尝试。然后如果有了新的发现，向全世界公布，就会得到相应的评价，努力也算有了回报。在某些情况下，自己的发现还能为社会和人类做出贡献。所以归根结底，问题在于"挑战还是不挑战"。在这个意义上，研究是非常公平的工作。研究者真是一个很好的职业。

真正的独创与虚假的独创

羽生：近年来有种观点，认为推进科学基础研究的环境正在变得越来越严峻。教授您认为，基础研究应该怎样推进会更好呢？

山中：回顾我自己的经验，研究了二十多年，直到发现 iPS 细胞，全都是基础研究。发现 iPS 细胞以后，才转到如何应用这个 iPS 细胞的应用研究上。这两种研究虽然在两个不同的层面上，但都非常重要。

基础研究不会考虑有什么用、如何有用。如果要考虑会不会有用，反而无法做出很有趣的研究。总之我确信，给科学打开突破口，带来飞跃发展的，必定是基础研究。

那么，和以往比较，今天的日本真的很难开展基础研究吗？我认为并没有糟糕到那个地步。文部科学省的科研经费，也就是支持基础研究的科学研究费本身，并没有大幅削减。

羽生：啊，这样吗？

山中：没有削减，不过和以往相比，基础研究的成本一直在提高，所以在这个意义上，相对来说是越来越困难了。

羽生：所有项目都是类似的情况吗？

山中：啊不，要看具体项目。比如我读研究生的时候，一年有一百万左右，就能继续做实验了。但是现在一百万可能都撑不了一个月。基因解析技术飞速发展，各种试剂也是越来越贵。在这个意义上，不仅基础研究面临资金不足的问题，各个领域都面临这个问题。

羽生：如果研究的数量增加很多，是不是必然会从中得到各种相应的结果？

山中：从某种意义上说，这也是个概率问题。我认为，挑战的人越多，获得成果的可能性也会增加。问题在于，大家所做的挑战，是不是真的具有独创性。

如果是真正的独创性研究，不管五年、十年，都应该好好支持。但如果只是单纯重复他人正在做的工作，那就是浪费。分辨这两者是很重要的。说到底，首先自己需要仔细想清楚，这项研究有什么样的意义。

"阿倍野狗实验"陷阱

山中：我读研究生的时候，老师告诉我一件事，我一直都忘不了。我读的大阪市立大学医学部位于大阪市的阿倍野区，我们研究室用比格犬做实验动物。当时的助理教授，现在应该叫副教授的老师问我："山中，你知道'阿倍野狗实验'吗？"我问："那是什么？"于是他向我解释了一番。

比方说美国在世界上首次发现一个现象，"敲一下狗头，狗就会汪汪叫"，于是写了一篇论文。因为是世界首次发现，所以大家都觉得"哎哟，好厉害"。然后日本的研究者看到那篇论文就想，"美国的狗会汪汪叫，那日本的狗会怎么样呢？我们来研究研究"，于是也去敲日本的狗头。结果发现，果然也是汪汪叫，于是又写了一篇论文。接下来，读到那篇论文的大阪市立大学的研究者想，"这回用阿倍野区的狗来试试看"，做了个实验，果然还是汪汪叫，还是能写篇论文。

老师问我："山中，那样的论文，你想写吗？"我回答说："不想写。"虽然听起来像是笑话，但实际上在研究世界里，这样的情况很普遍。

羽生：这样的吗？

山中：总而言之，因为美国发了这样的论文，所以日本也做一遍，发现是同样的结果。这样的论文很多很多。

羽生：也就是稍微改个条件就发论文。

山中：一不小心就会掉进这样的陷阱。研究者常常会有"必须尽快发表论文"的压力。特别是几年内不写出学位论文就拿不到博士学位。就算拿到博士学位，博士后也只有两三年的经费，这几年的时间里，不写出论文就到不了下一步。

怎么样才能在两三年里写出论文呢？想来想去，很多时候不知不觉就会掉进"阿倍野狗"的陷阱里。虽然自己想做研究，但实际上只是"模仿美国人的日本人"而已。

所以首先需要自省，自己有没有在做这样的研究。或者需要导师的审核。然后，在审查是否提供研究资金的时候，也需要从这种视角进行审核。这一点说起来容易，实际上真的很难很难。

羽生：如果一项研究需要五年、十年的时间，那么到底做哪个方向，就是很大的赌博，也是真正的挑战。

山中：是啊。所以，不要做"阿倍野狗实验"，要挑战不知道能否得到答案的研究。而选择这种挑战的年轻研究者能否得到强有力的支持，才是最关键的。

　　既然是在挑战难题，那么三五年不出成果是很正常的。如果这时候切断了支援，"三年五年都拿不出成果，这肯定不行"，那么大家就会全跑去做"阿倍野狗实验"了。所以我们需要一种能担保的制度。

第七章

日本要怎样才能成为人才大国

两人与读者一起思考……

用跑全马来筹集研究资金

山中：我们京都大学 iPS 细胞研究所，特别成立了一个组织，来支持年轻研究者进行挑战。名字很大气，叫作"未来生命科学开拓部门"，愿景就是"不怕失败，勇于挑战，开拓未来"。目标是运用 iPS 细胞技术，探索癌症、传染病的发病机制，还有免疫系统的原理等，开拓全新的生命科学与医疗领域。

至于资金来源如何保证，我们建立了"iPS 细胞研究基金"，由我跑马拉松来募集捐款。

羽生：筹款马拉松啊。山中教授您每年参加好几次全马，这都是线上募集捐款吗？

山中：是的。一半是运动，一半是募捐。因为国家的资助经费，除了大学提供的运营费补助金，还有各种项目的竞争性资金，每隔几年就必须拿出切实的成果。

羽生：也就是说，那些经费的用途或者说目的是确定的，很难用在新的研究上，是吗？

山中：哦，这倒不是，也能用在那样的挑战性研究上。但是三年五年的资助到期以后，再次去申请的时候，如果没有可见的成果，就很难继续申请。这也是现实。

在这一点上，美国除了国家资助，还有州政府的资助。此外还有非常多的捐款，民营企业特别是 IT 相关企业，会向研究者提供巨额资金。基础研究也有相当多的支持。

国家提供的资金来自税金，所以其额度有可能受到大规模灾害或者政治判断的影响。避免完全依靠国家提供的资金，从筹集研究经费的角度说，具有分散风险的有利方面。

羽生：不完全依靠国家，也将民间的支持作为基础。

山中：我认为，所谓研究，本来就是这样。就像在历史上，很多富豪会做艺术家的赞助人，他们也会支持研究者，让研究者自由去研究，然后获得各种各样的成果。

所以如果说这是回到原点可能有点奇怪，不过我认为，日本也不能仅仅依靠国家的税金做研究，也需要更多地依靠社会的捐赠来推进基础研究，否则是不行的。

不过另一方面，完全依靠民间企业的资金也很危险。这是因为，比方说研究结果和企业方的期待相悖的时候，企业高层可能会做出终止项目的判断。但从科学家的立场说，进一步探究这个不符合预期的结果，有可能给科学带来飞跃性的发展。

学习"捐赠大国"美国

羽生：我听说，美国和日本的巨额捐款者，气质是不同的。美国的会公开自己的名字，但日本的常常会希望匿名。

山中：想匿名的确实很多。

羽生：如果能够很好地吸收这方面的文化差异，在参考的同时建立可以合作的体制，那就好了。

山中：美国确实有很多自己建立财团的家庭，捐赠几十亿、几百亿都是常事。在日本则是极其罕见。我们也得到了许多人的捐赠，日本的个人捐赠很多。

羽生：最近也在尝试众筹。

山中：我们也在众筹。毕竟在跑马拉松的时候，沿途有几十万人观看。踏踏实实的努力相当有效。在美国，研究机构的所长，医学部的部长，他们可能有一半的工作是在筹款。

羽生：一半的工作吗？

山中：因为通过募捐能筹集多少资金，在对他们的评价中占了相当的部分，所以美国人都很努力，日本也是。不努力也得不到捐款。

羽生：但是我有种印象，好像做这种筹款的工作，或者说职种，在日本相当少。

山中：是很少。不过在我们那里，研究所自己成立了筹款部门，专门请了几位来做。在国立大学的研究所中，我们算是特立独行的。

羽生：确实如此。

山中：这就要说到如何催生出刚才那种独创性的工作。其实这个筹款部门也不是我们自己想出来的。只是因为美国这种事很普遍，而日本没有，所以就想做做看而已，并没有什么了不起的想法。在这个意义上，了解美国非常重要。

欧美的科学背后有宗教

羽生：说到日本和美国的差异，在美国，面对科学时，研究者、技术员，与普通人之间的距离比较接近。

山中：确实感觉距离很近。美国对科学感兴趣的人非常多。这是为什么呢？我有一次坐美国航空公司的飞机，和一位男空乘聊过。

他问我："您是做什么工作的？""科学研究。""什么科学？""干细胞。""哦，干细胞！那太了不起了！"聊得很热烈。在日本很难会有聊得那么深的人。

羽生：完全不知道山中教授您是诺贝尔获奖者，就和您聊起来了。（笑）

山中：聊得很嗨。（笑）他们有本科学杂志叫作《科学美国人》，在机场便利店就有卖，卖得相当好。日本也有好几份类似的杂志，但是很少会在机场里卖。

羽生：确实不会放在机场便利店里卖。

山中：美国的不同政权对生命科学研究的政策也不同。

羽生：共和党和民主党对研究的态度完全不一样。

山中：完全不同。说起来，共和党不太重视科学。在基督教原教旨主义的背景下，不少党员和支持者并不真的相信进化论。当然，进化论并没有得到科学的证明，但根本性的科学认知本身就有差异。

羽生：会不会是因为那样的科学观演变成政策分歧，于是科学本身也就逐渐渗透到一般民众中了呢？

山中：有可能。全球变暖、人工流产、进化论等等，甚至都会成为总统大选的争论点。

羽生：但是，既有反对州，也有赞成州，所以说到底，研究还是在稳步推进吧。

山中：是的。美国只是合众国，国家的权力比较受限制，国家说不行，州也可以说行。反过来也是一样。

羽生：关于制作 iPS 细胞，罗马教皇发表过评论："在不破坏受精卵的情况下开展疑难病治疗的技术，非常了不起。"在日本人看来，这个评价有点难以理解。但在欧美，确实是个很大的议题啊。

山中：是的。关于 ES 细胞的研究，当时美国的布什总统行使了否决权，反对使用。

羽生：在欧美，科学背后好像还是站着宗教。

"医学部至上主义"的弊端

山中：科学家的社会地位，感觉也是美国的更高。我先做了医生，后来才成为科学家。在日本，医生和科学家相比，医生的收入更高，大众的社会评价似乎也更高。

羽生：可能确实是这样。

山中：这样的情况我觉得直到今天都还有。在美国，两者是对等的，或者说很多时候医生并不会推荐自己的孩子做医生。而在日本，医生的孩子继续做医生的情况很多。实际上我们家也是。（笑）为什么会有这样的差异呢？

羽生：和美国相比，日本从小开始的教育课程中，属于科学的课时比例也比较少吧。

山中：但是，每年问日本的小学生将来想从事的职业，结果都是学者、科学家排在很前面，和医生没什么不同。而看看实际的结果，去医学部的人最多，感觉有点偏差。不过，日本也有很多擅长数学和物理的孩子，他们一直在数学奥林匹克、物理奥林匹克的国际大赛上拿金牌。

羽生：是啊。拿了各种奖。

山中：即使在数学和物理上有着出类拔萃的才能，许多人还是会去医学部。虽然学医本身并不错，但学完以后做了医生，除了极特殊的情况，基本上不会再用到数学和物理了。所以在某种意义上说，也是很浪费。现在我站在这种研究者的立场上，更希望大家都来做研究者了。

羽生：之所以很少人选择研究者的道路，会不会是因为很难描绘未来的愿景？如果走医生的路线，考进医学院，获得从医资格，先做研修医生，最终成为医生，这是很清晰的模式。而研究者是什么样的道路，如何生活，就比较模糊。

山中：确实如此。大多数就读科学博士课程的学生，都希望在大学或者大企业继续研究，不过也有其他的选择能让自己继续运用科学知识。比如说，科学记者、科普工作者、教育者等。

羽生：美国很多学生好像都会选择这些道路。

山中：是的。生命科学和 AI 都是这样，在当今社会，科学发展到相当专业化的程度，引发了各种社会问题。因而将尖端科学知识和问题通俗易懂地传播给大众，也就是促进科学与大众对话的工作，显得愈发重要。所以，我们也需要更多地向学生们展示这类工作的选项。

阻碍研究的"死亡谷"

山中：我们大学研究的技术，如果最终不能由大型制药公司等进行正式开发，就无法回馈社会。从大学直接回馈社会是很难的。

通过尖端技术的开发，在基础研究的成果实用化、商品化的过程中，存在着资金的瓶颈，这也被称作"死亡谷"。在日本，有许多大学做出过优秀的研究，但很多案例都没能翻越这种"死亡谷"，踏入实用化阶段，反而被美国抢先。读取基因信息的序列技术，原本也是日本公司领先。

羽生：还有这回事？

山中：但是国家的资助断掉了，所以日本的开发——

羽生：停滞了。

山中：美国的迅速发展，得益于创新企业。美国的创新企业很快就能成立，也能汇集到很多优秀的人才。大学开发的技术在创新企业里进一步发展，再由大企业收购，整套流程非常完善。日本的创新企业也很努力，但相当辛苦。首先，很难筹集资金。很多时候，汇集人才也很难。

日本和美国的年轻人之间，有着明显的差异。美国研究室的顶尖学生，倾向于去创新公司，向往自由。但日本真的很少有学生想去创新公司。多数都留在大学，或者去一流企业就职。就算本人对创新企业有兴趣，父母也会反对。

羽生："好不容易上完了大学，为什么非要选择高风险的创新企业？"

山中：差异真的很大。所以，多数优秀的年轻人不选择研究者道路的倾向，以及不选择创新企业道路的倾向，再难也要加以改变。

羽生：因为科学技术是支撑日本的重大要素。

山中：确实有点担心。

如何培养"螺旋型"人才

羽生：美国有种这样的氛围，就是说周围人都在创业，自己好像也必须要尝试创业才行。

山中：确实有。而且美国也会认可失败的经历。如果自己创办的创新企业破产，在日本，就有种"不会再有前途"再也不可能翻身的印象。但是在美国，那种失败的经验，反而会被视为"旁人不可能获得的宝贵经验"。有了这样的氛围，自己也会产生再度挑战的勇气。

我将日本和日本人称为"直线型思考的文化",或者"直线型思考的民族",因为日本人一旦确定了目标,就喜欢一直做到底。既然决定了,就不会再三心二意——

羽生:笔直前进。整个群体也有种朝着同一方向突进的倾向。

山中:"一门心思干到底"的特性很受称赞。进了公司,基本上一辈子就在这家公司。一旦在一起了,只要不是太过分的情况,就不会离婚。如果遭遇挫折,自己和周围人都会认为是"人生的落伍者"。

相比之下,美国则是"螺旋型思考的文化"。一开始在这边,转过头又去了那边。在某种意义上说,能够按照自己的兴趣,灵活地跳转。美国这两种人都有,螺旋型的和直线型的。日本现在直线型的人占据绝对优势。而美国因为两种人都有,比如 iPS 细胞这样的新技术出现以后,螺旋型的人马上就会扑上去。

羽生:要加入进去。

山中:是的。他们会说:"咱们干吧。"但是,直线型的人会很慎重:"不不不,还不清楚这种技术会是什么情况,不要着急投入,先观望观望。"所以不管 iPS 细胞这种技术如何发展,美国都能非常灵活地应对。

羽生：原来如此。美国就是具备了这样的环境，所以能够广泛吸纳新技术。

山中：是的。如果这项技术飞速发展，螺旋型的人就是成功的。这种时候，直线型的人会感觉"失败了呀"。如果这项技术完全失败，螺旋型的人会想"有点太冲动了，不过下次再努力吧"，而直线型的人会说"看我说得没错吧"。日本直线型的人很多，所以在这项技术进展不顺的时候，就会变成"果然还是观望才对"，但在进展顺利的时候，就会落后于人。

所以直线型和螺旋型这两种人都需要。在日本，直线型的人就算放任不管也会成长起来，所以今后重要的问题是如何在日本培养螺旋型的人才。但是目前以考试为主的教育方式，很难产生螺旋型的人才。

羽生：我想，具有这种螺旋型潜力的人，日本肯定也有。接下来就是如何构建一种能让这类人尽情发挥的环境吧。不过在另一方面，现在是全球化时代，就算在日本出生、成长，也不见得会一直留在日本。

山中：确实，螺旋型的人停不下来。说起来我也是转个不停的螺旋型，兴趣不断变化，自己都预想不到自己会去哪儿。妻子经常说我："都是因为和你结婚，我的人生变得像过山车一样。"

说实话，我的研究课题从临床整形外科，到药理学、分子生物学、癌症研究、ES 细胞，一直在变。没有得到成果的时候，我曾经对自己的研究风格失去了自信。

幸好在那个时候，我得到了一个机会，去听诺贝尔奖得主利根川进教授的演讲。在演讲后的提问时间，我鼓足勇气举起手问："在日本，许多人认为研究的持续性很重要，教授您是怎么认为的？"因为利根川教授自己的研究课题也是从免疫学骤然转到脑科学的。教授回答说："谁说研究的持续性很重要？感觉什么有趣，随便做就是了。"教授的这个回答，给了我无比的勇气。

如何将孩子培养成诺贝尔奖获得者

山中：螺旋型的人一旦偏离平均线，有时候就会被当成怪物。因为普通人习以为常的行为，这种人可能偏偏做不到，但在某个领域，说不定就会发挥出惊人的才能。我认为，在日本、在美国，都有一些人具有这样的倾向。我们需要在各个领域广泛培养这样的人才。

羽生：在将棋世界里，进步的方式也因人而异。有的人看似停

步不前，但突然就会有巨大的提升。有的人则是一直进展都很顺利。从这个意义上说，人的能力确实也很难理解。

山中：在日本和美国做研究的时候，我非常明显地感觉到，日本有必要更好地广泛发挥人才的能力。

设置大学入学考试这道关卡，会筛选出能够顺利通过的孩子，所以总感觉直线型的人才比例不断增长。以前的筛孔更大，上了大学也不太学习，只做自己喜欢的事，大学也有相当的容忍度。

现在从上大学开始，管理就已经相当严格了。这样一来，螺旋型的人更难出人头地。具有潜力的人，到底如何发展自己的潜力呢？大学之前阶段的教育很重要啊。

羽生：确实，人们只有具备丰富的个性和色彩，才会产生活力。其实周围的大人应该发现这样的孩子，让他们发挥自己的特长。

山中：但是在父母看来，"普通的好孩子"才是最好的。当然，我在获得诺贝尔奖后，经常有机会聊到这样的主题。有时候，孩子的父母会问："怎样把孩子培养成能获得诺贝尔奖的人？"（笑）这种问题我也完全答不上来啊。

羽生：真是最难回答的问题了。（笑）

山中：唯一能说的是，"和其他孩子做得不一样的时候，也请不要生气"。

看似无意义，实际有意义

山中：在旁人看来，也许会觉得我的人生充满了徒劳，走了很多弯路，效率低下，但可以说，正因为有过那样的弯路，才有了今天的我。

羽生：在将棋中，随着经验的积累，回顾年轻时候认为无用而舍弃的东西，才发现那些其实也是很重要的。看似无意义，实际有意义。虽然没有立竿见影的效果，但正因为每天都有小小的积累，才会诞生出新的创意和灵感吧。

山中：如今的社会最重视的是效率。但在乍看上去没有用处的事情、徒劳无功的事情中，其实说不定隐藏着未知的新思想。

羽生：即使不能直接发挥作用，但学习它的过程，说不定就是理解其他新事物的捷径，成为自己前往新方向的平台。不过，那并不是具体的、可见的事物。

实际上，在将棋的一个局面中，大部分的下法都是选择"不做才好"的选择。不管什么事，大多数时候都是"不做才好"。（笑）

在某种意义上，将棋可以说是非常容易犯错的游戏。

所以还是不要太钻牛角尖，不要坚持过头。相比追求结果，我认为，在过程中寻找乐趣，对于做一件事情本身感到充实，这一点更加重要。

山中：这真的很重要。

羽生：在外行人看来，可能会认为专业棋手能算到好多步，一边计算一边下棋，实际上完全不是这样。

山中：哎，不是吗？

羽生：嗯，基本上都是当场找对策，摸索着想："接下来走在哪里呢？"当然，每次都想走出最好的一步，但并没有简洁易懂的方法来寻找答案。

百分百不会错，绝对就是这个——没有这样的选项啊。棋局很少会像预测的那样发展。所以通常都要随机应变。

有时候，决定可能是错的，但结果却是好的。比如说下了一步坏棋，但引发了对手的失误，结果获得了预料之外的胜利。那么问题就来了，下的坏棋到底算是好棋还是坏棋呢？（笑）

出现自己完全没有想到的状况时，总要想办法解决。这种能力，恐怕无法数据化。所以还是保留一些暧昧比较好吧。（笑）

山中：您这话又给了我勇气。（笑）

羽生：当今时代的环境非常完善，如果认真去做，总可以用迅猛的速度冲向某个地方。但是反过来说，如果是环境并不完善的时代，没有抵达目标的人，也可以说是抵达了。

我想，至今为止，肯定有很多这样的情况——有才能，但环境恶劣，无法成长。不过今后随着互联网的普及，"因为环境恶劣而无法发挥才能"的情况会越来越少。

在整体水平和能力不断提升的趋势中，只关注以往知识的积累和环境的有利方面，将很难与他人形成差异。所以，必须采用与以往不同的做法。那恐怕就不是简单的"这样做肯定对，那样做肯定错"，重要之处在于无法明确数据化的地方吧。

刚才教授您也提到，不管有没有用，做才是重要的。反过来说，做什么都行吧。（笑）说不定就有什么作用，也可能成为突破的关键。

第八章

十年后、百年后，这个世界
会变成什么模样

两人与读者一起思考……

人类能够长生不老吗

羽生：假如，基于 iPS 细胞的再生医疗，或者通过基因编辑技术，消灭了所有的疾病，那么人类有可能实现长生不老吗？

山中：不，衰老注定会发生。目前认为，人的寿命应该也是细胞的寿命，也就是一百二十岁左右。

骨髓中存在制造血液的细胞，也就是造血干细胞。刚出生的时候大约只有一万个，很少。造血干细胞本身不太会增长，但在分化过程中会形成前驱细胞，这些前驱细胞迅速增长，变成红细胞、白细胞、血小板等，不断替换。

但是，造血干细胞有时也必须分裂。一旦分裂，基因就有可能受损，也有的因为寿命到期而死亡。所以我想，造血干细胞应该会不断减少。我想说一件很让人惊讶的事，我们给百岁左右的老人做检查后，发现身体里的造血干细胞只有两个。

羽生：只靠两个维持吗？

山中：如果这两个细胞归于零，必然一切就结束了。这就是衰老造成的死亡。但是，如果进行骨髓移植，被移植的造血干细胞又会制造血液。心脏基本上也保留着出生至今的细胞，所以出生以后经过一百年，最终会出现心力衰竭。但这也能做心脏移植。腿脚不好也没关系，人工膝关节等技术也在进步。

剩下的问题是大脑。大脑也保持着出生时的状态，脑细胞很少增长。但是一旦更换大脑，那就说不清这个人到底是谁了。

羽生：已经不能说是自己了。

山中：所以，大脑是决定性的。于是问题就是，要不要做到这一步。但除了大脑，只要超级富豪肯砸钱，继续器官和细胞的移植，理论上都是可以更新的。而在另一方面，为了进行器官移植，需要服用抑制排异反应的免疫抑制剂。免疫抑制剂具有副作用，这也有可能损害健康。

基本上说，老化导致造血干细胞不断减少，大脑也必然不断衰老，这样想来，人类的寿命界限终究是一百二十岁吧。其实还有另一个问题，活那么长，到底会不会快乐。

羽生：能不能长生不老，以及长生不老以后是不是幸福——自古以来永恒的主题啊。

山中：但是这么一想，又觉得生物真的很神奇，人类也是，世界上居然有这么精妙的东西。我有时在想，我们真的是用进化论就可以解释的这种偶然性产物吗？

"不想保留这样的基因"

羽生：如果解析基因后发现，这个人将来注定要患上某种疾病，那么可以通过基因编辑，预先进行治疗吗？

山中：如果是由单个基因引发的，也就是所谓"单一基因疾病"，那么它是有可能治疗的。比如亨廷顿舞蹈病[1]之类。如果是两个基因，大概也有可能想想办法。但如果三个、四个、五个甚至十个以上的多源性疾病，以目前的技术来说，那就很难了。

有一次我参加某个宴会，同席一位相识的女性说："我和姐

1　一种遗传性疾病，通常来自父母遗传。因一对基因中的任一染色体发生显性突变而导致，故拥有此基因的孩子有百分之五十的概率会遗传到此疾病。

姐的谱系都有遗传性疾病，所以我们都决定不生孩子。"她还说：
"不想留下导致疾病的遗传基因。"由于是在宴会上，我们没能深入
讨论。

总之确实有人想得很深。其实如果是一个基因引起的，那么通
过治疗，可以完全改变她们的想法。

做个调查就会发现，所谓"导致疾病的遗传基因"，每个人身上
都带有好几十个。只是碰巧没有表达出来。所以，如果遇到有人怀
有这样的烦恼，并不能简单地拒绝说"基因编辑违背伦理"。

羽生：是啊。但是基因解析也有导致"基因歧视"的危险性。
比如说，通过基因检查发现具有特定基因的时候，就会有是否允许
购买保险的问题。

山中：确实有这样的问题。在美国等地出台了法律，禁止保险
公司向被保险人询问基因检查的结果。

羽生：也有人像安吉丽娜·朱莉那样，在基因检查中发现罹患
乳腺癌或卵巢癌的风险很高，于是出于预防目的而切除乳房、卵巢、
输卵管。

山中：她母亲患乳腺癌去世，母亲的祖母也在很年轻时就因卵
巢癌去世，所以这个决定也不是不能理解。不过，她的情况是，基

因和疾病是一一对应的，而且切除乳房这种方法虽然粗暴，但终究也是一个办法。

难办的是这种情况："你的基因很有可能导致疾病，但我们无能为力"。这种情况下，当事人了解这一事实本身，真的会给自己的人生带来好处吗？

举个例子，目前已经确定了若干导致阿尔茨海默病的基因。但现状是，我们只能对当事人说："基因检查发现，你患阿尔茨海默病的可能性很高，但以现代的医疗技术，我们无能为力。"

不过即使是这种情况，当事人知道事实，毕竟也可以由此来设计自己的人生。如果五十岁左右发病的概率很高，那么可以考虑在此之前去做自己想做的事，或者为家人留下些什么。对于自己的人生来说，那样可能是会有好处的吧。

羽生：包括阿尔茨海默病在内的认知疾病，目前世界正在急剧增加。有预测认为，到二〇五〇年，患病人数将达一亿三千万，是目前的三倍。

山中：不管对谁来说，这都是迫切的问题。但从另一个角度看，有些老人也是因此忘却了各种各样的人生烦恼和愤懑，得以过上平静的日子。所以，对人类来说，什么是好，什么是坏，很难简单做出结论。

比如说，假设人类研制成功了认知症的特效药，到了一百岁，即使身体衰老，但头脑还是很清楚，结果很怕死亡，这样可能反而不好。有人认为，认知症也是人类对死亡恐惧的一种防御措施。

向"虚拟爷爷"咨询人生

羽生：当然，肉体衰老，寿命到头，最后就会死亡，可能所有一切都会归于消亡，不过按照现在的技术水平，也能用各种方式保留下人的记忆、经验和数据等。

换句话说，现在的大数据之类的技术，能够收集死去的人的数据，于是就可以在计算机上进行模拟，"他应该会这样回答""他肯定会这样判断"，就像那个人还活着一样。我想这是可能的。

这并不是让死去的人复活，所以不能说是百分百的重现，但重现出接近死者的存在，我想这并不奇怪。

山中：美国的墓园里，有的墓碑上会印有二维码，用手机去扫，就会看到在云端保存的死者信息和趣事。

羽生：以现在的技术，这种事情很简单吧。让孙辈、曾孙辈来

扫墓碑上的二维码，知道自己的祖先原来是这样的——虽然可能会颠覆作为祖先的神圣形象。（笑）

山中：不不，留下哪个自己要由自己选好，把那些能塑造自己高大形象的信息留下来就是了。（笑）

羽生：筛选有益的信息。（笑）这样，只要有大脑的记忆数据，以之为基础，就有可能再现出类似的东西吧——姑且不说是不是完全相同。比如说，想和去世的爷爷商讨烦心事的时候去问计算机："我在烦恼这样的事情，爷爷你怎么看？"而计算机计算出爷爷可能会这样那样回答，于是给出相应的建议。

山中：虚拟现实技术，就像还活着一样。

羽生：虚拟现实的发展非常迅速。目前网络和现实世界还有明显的分别，但虚拟现实的恐怖游戏，尽管知道是虚拟的，还是会感到真实的恐惧。

推广"技术奇点"这一概念的人工智能研究者雷·库兹韦尔预测，到二〇二〇年代后半，人类将无法区分虚拟与现实，也会出现生活在虚拟世界中的人。

有个词叫"现充"，意思是在现实世界里生活很充实。不管在网络中过得多开心，毕竟只是网络，终究还是会很无奈。但如果虚拟

168

现实技术能让人感觉到与现实同一水准的现实感，那么有些人会觉得，相比于真实的世界，宁愿一直生活在虚拟世界里吧。产生这种想法一点也不奇怪。

山中：科幻电影的世界啊。

吃了会做噩梦的药

羽生：前几天我第一次参加了在幕张举办的"NicoNico 超会议"，现场气氛异常热烈。主题是在现实世界里重现网络"NicoNico 动画"中的活动，平时活跃在网上的人，纷纷聚集到现实世界里。

那里面不仅有动画和游戏，还有各种企业和政党参加的活动。但如果不了解网络世界的人去了那里，根本不知道里面到底在干什么，也不知道到底有什么好玩的。而对于某些人来说，那里面全都是非常有趣的世界，每个版块都很完美。现场规模非常盛大，聚集了十五万人。

山中：哎，十五万人！

羽生：在现场感受到的简直是文化冲击。

山中：您是以什么身份去的？

羽生：现场有一个将棋环节，我和加藤一二三老师做了一场脱口秀，但是和现场气氛格格不入。（笑）感觉就是："为什么在这里做这个？"

山中：iPS 更加格格不入吧。

羽生：不不，那里面的活动丰富多彩，从歌舞伎、大相扑，到机器人大赛、尖端科学，应有尽有。如果有 iPS 细胞主题的活动，我觉得也会聚集很多人。

山中：说到虚拟现实，我想起一件事。每个月我都要在格拉德斯通研究所所在的旧金山和日本之间往返一次，为了倒时差，我吃过各种安眠药。

筑波大学的柳泽正史教授发现了一种具有清醒作用的物质，食欲肽。抑制这个食欲肽的安眠药只在日本销售。普通的安眠药是增加帮助睡眠的成分，而这个药是抑制清醒的物质，但在副作用栏目中写了"会做噩梦"。我虽然看到了这一条，但还是想试试。

其实我本来以为是被终结者追杀那样很刺激的噩梦，结果尽是些跑马拉松之前厕所被占满了用不了、被手下员工反过来骂了之类的事情，非常现实。好像这才是虚拟现实。

羽生：哈哈哈，一般来说，做了噩梦都会惊醒吧，但这个是醒不了的噩梦啊。

山中：这种梦平时也会做，不过频率确实明显增加了。不知道是什么原理，总之药物连梦都能改变。想到今天不知道会做哪种现实的噩梦，吃药这事确实有点让我郁闷。

羽生：确实，知道睡着了肯定要做噩梦的话，自然就会讨厌睡觉。反过来如果有一种药能让人做美梦，睡觉也就变成乐事了。

山中：好像星新一的小小说里有这样一篇。昏睡状态的男性梦见自己在现实世界里有一位非常美丽的妻子，还有气派的豪宅，于是发誓说"一定要活下去"，便苏醒了过来。但是醒过来一看，等待他的是非常可怕的妻子和巨额的负债。也就是所谓的，为了给予生的希望，喂他吃下了药。

羽生：总而言之，是大脑中的物质决定了快乐还是悲伤。就像电影《黑客帝国》，是选择残酷的现实世界，还是安逸的梦中世界。

记忆能由后代继承吗

羽生：我在某处看到过说，梦是根据过去两周的经历随机编辑出来的。梦也分为记住的梦和没记住的梦。记忆的机制，如今弄清了吗？

山中：哎呀，我也跟不上脑科学研究。不过不久前听说一个消息，有一项老鼠实验证实，对恐惧的记忆会传给孩子。我记得实验是这样的：比方说，闻到某种气味的时候，就会遭遇痛苦的电击。老鼠学会了这个知识，然后只要闻到那种气味，就会表现出恐惧。那么这只老鼠的孩子，同样会对这种气味表现出恐惧。和其他老鼠的孩子相比，具有明显的差异。

羽生：哪怕没有经历过，但不知为什么，从一开始就会逃避那种气味。

山中：所以教训是会遗传的。这种记忆的继承也许可以用"表观遗传学"的概念来解释。

羽生：表观遗传学，那是什么？

山中：通常，生殖细胞能遗传给后代的只有基因序列。但有一种理论认为，通过学习或者环境的影响，包围基因的周边状况得到科学的"修饰"，便可以改变基因的表达模式或细胞的性质。另外，由于某种原因，这种后天的修饰可能会遗传给后代。虽然具体机制还不明确。从某种意义上说，这可能是记忆遗传的一个机制。

羽生：可以说，对于物种的存续来说，刚才那种恐怖的记忆是必需的信息。

山中：没错。不能去某个地方的信息，很多时候是通过教育传达的，但能进行教育的物种很少。不过，性行为等行为模式，不需要教育，任何生物都会。归根结底，问题在于，使用 ATCG 四个字母的信息，能不能把这些都写下来。

羽生：比如说，这样的基因信息，人类和其他动物有很大的不同吗？

山中：不，用了很多共同的机制。

羽生：那么，导致差异的原因，来自哪里呢？

山中：这一点还不清楚。不过，前面说到过被称为"垃圾序列"的基因序列，人类、猴子、老鼠都是完全不同的。

羽生：那么这里面果然藏着很大的秘密吧。

山中：有可能。制造各种蛋白质的部分相当类似，最大的差异就在所谓垃圾序列的部分。所以我们现在知道那是非常重要的。当然，说实话，还有很多很多不明白的地方。

人类的选择正在经受考验

羽生：科学的最前沿也在不断变化。

山中：和十年前相比已经完全不同了。课本上写的东西也在不断变化。在如此大的技术进步中，不久前还是科幻小说中的技术，比如 AI 和生物工程等，也日益成为现实。所以根本无法预测十年后人类和世界会变成什么样子。

羽生：确实，未来有着无法想象、无法看清的地方，不过仔细想来，以前的人们也是一直都看不清未来的吧。在"看不清"这一点上，百年前、十年前，也是和今天一样的。人们常说现在是"不透明的时代"，但回顾历史，什么时候又有过透明的时代呢？

山中：是啊。既有可预见的风险，也有可能发生未曾预见的风险。回首地球的历史，统治地球的恐龙因为陨石撞击或某种气候变化而灭绝了。

还有尼安德特人，也在某个时间消失在地球上。谁也不知道发生了什么。两种可能性，一是人类消灭了尼安德特人，另一个是发生了某种危机，只有人类存活下来。总而言之，与人类非常接近的物种，因为某种原因而灭绝了。

我们人类也不敢说自己能永远存在下去，如今技术的飞速发展也许会灭亡人类。如此急速的人口爆炸和技术进步，可能并不是对人类的恩赐，而会成为威胁。这是人类自己做出的选择，人类正在为此经受考验。

羽生：我采访过牛津大学的人类未来研究所等机构，他们在二〇一五年发表的报告中指出了"威胁文明的十二种风险"。有可能导致人类灭亡的十二种风险中，有气候变化、核战争、大瘟疫、巨型陨石的撞击、火山喷发等，人工智能也被列入其中。

我想到的是，气候变化、核战争、大瘟疫，只是单纯的风险，而 AI 技术在获得进步的时候，说不定会帮助我们解决其他十一种风险，这就是它的潜力。如此强有力的技术，今后必然会飞速渗透到现实社会中。如何设计与应用 AI，也取决于人类的选择。

山中：人类历史上曾经重复了无数次战争。如果今天再发生世界规模的战争，人类极有可能被核武器毁灭吧。当再次面临这样的局势时，人类能否克制自己？或者，AI 是否能帮助人类克制自己？

"基于所有信息进行计算，得出的结论都表明这是非常愚蠢的行为。放弃这样的战争吧。"如果 AI 这般冷静地提出忠告，人类会不会停止战争呢？

 山中伸弥致羽生善治

我一直满心期待着和羽生棋士相会的这一天。

平时我埋头于研究所的运营和自己的研究工作，很难有时间对其他领域的课题以及人类未来的问题进行深入思考。

和羽生棋士交谈，接触到各种智慧和洞见的时候，我感觉自己的大脑被激活了，充满了活力。在这次的对谈中，我请教了将棋世界的变化，然后又共同思考了 AI 和生命科学的发展会给人类带来怎样的变化。真是充满刺激和乐趣的时间。

科学研究日新月异。我们 iPS 细胞研究所在二〇一七年发现了"进行性骨化性纤维增殖症（FOP）"这种疑难病的治疗候选药物，开始了世界

上首次使用 iPS 细胞的新药临床试验。另外，本文中也提到，以帕金森症患者为对象的再生医疗临床试验，也将在近期实施。

但是，还有很多疾病没有治疗方法。尽早将治疗方法带给更多的患者，这是我们的使命。

而在对谈后，也传来了激励我们的新闻。羽生棋士获得了"永世七冠"[1]，并荣获国民荣誉奖。听到这个消息，我就像自己获奖了一样高兴。在获得永世七冠的记者招待会上，羽生棋士说："自己也不知道将棋的本质是什么。"在成就了如此伟业的同时，又保持着如此谦逊的学习姿态，这深深打动了我的心。

在对谈中，羽生棋士也说过，将棋中最重要的是舍弃之前学过的东西，吸收新的知识。研究的世界也是如此。伴随着真相被探明，既成的事实不断被改写。

人类的生命和身体充满了未知。我想像羽生棋士一样，不畏惧变化，永远保持学习新事物的姿态。通过这样的方式，我们将会在未来寻找到改变世界的发现。

1　指在将棋七项赛事（头衔）中均获得"永世"称号。每项赛事的"永世"称号获得条件不尽相同，如"永世棋王"需要连续获得五届棋王称号，"永世王将"需要连续五届或累计十届等。

Center for iPS Cell Re

ch and Application

山中伸弥
Yamanaka Shinya
京都大学 iPS 细胞研究所所长、教授

羽生善治
Habu Yoshiharu
将棋棋士、永世七冠